柔性直流输电系统
控制保护技术

夏向阳　编著

中国电力出版社
CHINA ELECTRIC POWER PRESS

内 容 提 要

本书从柔性直流输电系统的基本特点和应用出发,分析了柔性直流输电的发展现状和趋势。对模块化多电平换流器(MMC)的基本运行原理和控制策略进行了详细介绍,融入了当前部分新型先进控制策略。对 MMC 拓扑优化进行了说明,比较了其与传统 MMC 拓扑结构的优缺点。对常用的具有自清除故障能力的混合型 MMC 拓扑结构与控制进行了介绍,并分析了新型子模块——混合型 MMC 的基本运行原理。对柔性直流输电系统换流器内部故障、直流侧故障和交流侧故障进行了研究,对现有的基本故障处理方法进行了归纳,融合了部分当下最新的研究成果,并通过搭建仿真进行分析,对每种方法的效果进行了直观的展示。

本书可作为从事柔性直流输电技术研究、开发应用的技术人员以及高等学校电力系统及其自动化专业教师和研究生的参考书。

图书在版编目(CIP)数据

柔性直流输电系统控制保护技术/夏向阳编著 . —北京:中国电力出版社,2023.12
ISBN 978 - 7 - 5198 - 5643 - 4

Ⅰ.①柔… Ⅱ.①夏… Ⅲ.①直流输电—电力系统—控制—研究 Ⅳ.①TM721.1

中国版本图书馆 CIP 数据核字(2021)第 099920 号

出版发行:中国电力出版社
地 址:北京市东城区北京站西街 19 号 (邮政编码 100005)
网 址:http://www.cepp.sgcc.com.cn
责任编辑:陈 硕(010 - 63412532)
责任校对:黄 蓓 王海南
装帧设计:郝晓燕
责任印制:吴 迪

印 刷:北京天泽润科贸有限公司
版 次:2021 年 9 月第一版
印 次:2023 年 12 月北京第二次印刷
开 本:710 毫米×1000 毫米 16 开本
印 张:10.75
字 数:175 千字
定 价:58.00 元

前　言

　　柔性直流输电指的是基于电压源换流器（Voltage Source Converter，VSC）的高压直流输电（High Voltage Direct Converter，HVDC），ABB 公司称其为 HVDC Light，西门子公司称其为 HVDCPLUS，国际上的通用术语是 VSC - HVDC。

　　1997 年 3 月 ABB 公司投入运行的 Hellsion 工程是世界上第一个采用 IG-BT 模块的柔性直流工业性试验工程。2016 年 6 月 30 日，±350kV/1000MW 云南鲁西柔性直流背靠背工程正式投运，是我国首个省级电网与大区域电网实现异步联网的工程，也是世界上首次采用大容量柔性直流与常规直流组合模式的背靠背工程，引领了世界直流输电领域的发展方向。2017 年 6 月，南方电网公司成功研制出世界首个特高压柔性直流换流阀，使我国柔性直流输电技术电压等级提高到±800kV，送电容量提升至 500 万 kW，为乌东德送电广东广西直流输电工程建设提供了设备和技术支撑，该工程是当今世界上输电容量最大、电压等级最高的混合柔性直流输电工程，已于 2020 年底投入运行。未来会有更多相关直流输电工程投入使用，随着越来越多的直流输电工程投入运行，其安全可靠运行理论和关键技术成为当今研究热点，因此我国在《智能电网技术与装备重点专项实施方案（2016—2020）》中提出将"柔性直流输电控制保护策略"作为重点领域和优先研究主题。但其相关的故障保护和控制策略还不成熟，因此研究柔性直流输电系统故障时的保护与穿越能力具有重要意义。

　　本书正是在这样的背景下开始撰写的，其间得到了长沙理工大学的大力支持。本书总结了长沙理工大学电网控制技术实验室在柔性直流输电系统故障时稳定控制方法、子模块拓扑结构与调制策略、新能源并网等领域近年来的科研成果积累，是研究团队共同努力的结晶。

限于作者水平有限，书中难免存在错误和不妥之处，恳请广大读者批评指正。

作者
2021 年 5 月

目 录

第1章
柔性直流输电基本特点和应用

近年来，随着全球经济的发展，能源消耗不断增加，导致化石等不可再生能源短缺问题越发严重[1-2]，而风能、太阳能等可再生新能源的大规模开发能很好地解决传统能源的短缺和环境污染问题，因此新能源发电受到了世界各国的高度重视[3-8]。我国地域辽阔，能源分布和电力负荷中心分布存在极不均衡的现象，资源赋存与能源消费地域存在明显差别，能源聚集地区与负荷需求地区呈逆向分布，风能、太阳能等可再生能源大多分布在我国西北地区，而供电需求量较大的地区集中在东南沿海经济发达地区，利用大功率、远距离的输电系统来实现能源供需广域平衡，是我国能源流向的显著特征和能源运输的基本格局[8-10]。

在长距离、大规模输电的背景下，传统的交流输电存在着故障多、线路损耗高等缺点。而高压直流输电则没有这样的缺点，同时，在应用于长距离、大规模输电的场景时，还具备了输送容量大、线损低、经济性良好、允许两侧的交流系统异步运行以及故障损失小等优点。因此，长距离、大规模输电背景下，高压直流输电与传统交流输电相比，在技术与经济两方面都有着明显的优势[11-12]。

1.1 柔性直流输电的背景及发展现状

高压直流输电（HVDC）技术始于20世纪20年代，到1954年，世界上第一个直流输电工程（瑞典本土至哥特兰岛的20MW、100kV海底直流电缆输电）投入商业化运行，标志着基于汞弧阀换流技术的第一代直流输电技术的诞生。与早期的直流输电技术相比，现代直流输电技术的核心是换流器，其核心

1

技术是将交流电转换为直流电的整流技术和将直流电转换为交流电的逆变技术。换流器的使用替代了早期直流输电以直流发电机为电源，通过直流线路输送电能给直流负荷的输电过程。20 世纪 70 年代初，人们在电力电子器件制造上的技术发展迅速，基于晶闸管的换流器高压直流输电（Line Commutated Converter Based HVDC，LCC‐HVDC）技术开始迅速取代基于汞弧阀换流器高压直流输电技术，标志着第二代直流输电技术的诞生。到了 20 世纪 80 年代，电力电子器件的制造技术和控制技术得到了进一步发展，出现了全控型电力电子器件绝缘栅双极型晶体管（Insulated Gate Bipolar Transistor，IGBT）。IGBT 迅速被应用到电压源换流器中，20 世纪 90 年代末，基于可关断器件和脉冲宽度调制（PWM）技术的电压源换流器（Voltage Source Convertev，VSC）开始应用于直流输电，标志着第三代直流输电技术的诞生[13‐15]。

1990 年，基于 VSC 的直流输电概念首先由加拿大 McGill 大学的 Boon‐Teck‐Ooi 等人提出。在此基础上，ABB 公司将 VSC 和聚合物电缆相结合提出了轻型高压直流输电（HVDC Light）的概念，并于 1997 年 3 月在瑞典中部的 Hellsjon 和 Grangesberg 之间进行了首次工业性试验。该试验系统的功率为 3MW，直流电压等级为±10kV，输电距离为 10km，分别连接到已有的 10kV 交流电网上。

随着 1997 年第一个基于 VSC 技术的直流输电工程的出现，这种以可关断器件和 PWM 技术为基础的第三代直流输电技术，被国际权威学术组织——国际大电网会议（CIGRE）和美国电气与电子工程师学会（IEEE）正式命名为"VSC‐HVDC"，即"电压源换流器型高压直流输电"。ABB 公司则称之为轻型高压直流输电，并作为商标注册。西门子公司则称之为 HVDC Plus。2006 年 5 月，由中国电力科学研究院组织国内权威专家在北京召开"轻型直流输电系统关键技术研究框架研讨会"，与会专家一致建议国内将基于 VSC 技术的直流输电（第三代直流输电技术）统一命名为"柔性直流输电"。

双端 VSC‐HVDC 输电系统结构如图 1‐1 所示，它由换流站、换流电抗器、直流侧电容、交流滤波器以及直流输电线路等部分组成。两端 VSC‐HVDC 的送端和受端换流站均采用电压源换流器，换流器的子模块单元是由 IGBT 和二极管反并联组成，除了作为主电路外，还起到保护和续流作用；换流站与交流侧之间的能量交换依靠换流电抗器完成，能有效抑制短路电流并减少输出电压中的谐波；输出电压和电流中的谐波被交流侧滤波器滤除；直流侧电容作为储能元件，主要起电压支撑和滤波的作用。柔性直流输电系统送端换流站和受端换流站之间都采用直流输电线路连接，当前常用电缆或者架空线。

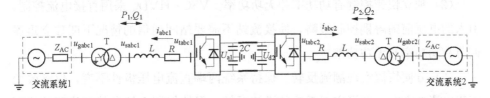

图 1-1 双端 VSC-HVDC 输电系统结构图

电压源换流器有多种拓扑结构，但不管是两电平换流器、三电平换流器，还是模块化多电平换流器（Modular Multilevel Converter，MMC），其基波频率下的外特性基本相同。图 1-2 用来分析换流站 VSC 在基波下的稳态特性。

设交流母线电压基波相量为 $\dot{u}_\text{g}$，VSC 输出电压基波相量为 $\dot{u}_\text{t}$，且 $\dot{u}_\text{t}$ 滞后 $\dot{u}_\text{g}$ 角度为 δ；VSC 与交流系统之间的连接电抗器（包括换流变压器）的电抗为 L。则从交流系统输入到 VSC 的有功功率 P 和无功功率 Q 分别为

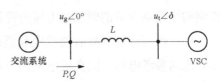

图 1-2 VSC 的基波等效电路

$$P = \frac{u_\text{g} u_\text{t}}{L} \sin\delta \tag{1-1}$$

$$Q = \frac{u_\text{g}(u_\text{g} - u_\text{t}\cos\delta)}{L} \tag{1-2}$$

由式（1-1）可知，δ 决定有功功率 P。当 $\delta > 0$ 时，换流站吸收有功功率工作在整流状态；当 $\delta < 0$ 时，则换流站发出有功功率工作在逆变状态，所以控制 δ 就能控制 VSC-HVDC 传输的有功功率大小和方向。对于无功功率 Q 而言，当 $u_\text{g} - u_\text{t}\cos\delta > 0$ 时，VSC 吸收无功功率；当 $u_\text{g} - u_\text{t}\cos\delta < 0$ 时，VSC 发出无功功率，即控制 u_t 的大小就可以控制换流站的无功功率大小和方向。所以 VSC-HVDC 通过 PWM 控制不仅能控制输送的有功功率，还能同时控制 VSC 注入到交流系统的无功功率。

换流站的基本特性决定着 VSC-HVDC 的优良性能。作为新一代的输电技术，弥补了传统直流输电系统的一些不足，具体体现在以下几个方面[16-20]：

（1）可以向无源网络供电。VSC - HVDC 的换流站能够自换相，不需要外加的换相电压，换流器可工作在无源逆变模式，传统直流输电受端是有源网络，柔性直流输电弥补了该缺陷，使得向长距离大容量孤立负荷供电成为可能。

（2）独立快速控制有功功率和无功功率。VSC - HVDC 采用直接电流控制，引入的电压前馈解耦控制策略，使换流站不需要站间通信的情况下能独立迅速调节有功功率和无功功率。

（3）方便快捷实现潮流反转。保持系统两端直流电压极性不变，仅需改变直流电流的方向，即可实现系统的潮流反转。保持控制系统参数和线路结构不变，在几毫秒内完成反向过程，便于灵活控制潮流方向，有利于多端直流输电系统的构成。

（4）提升交流系统的输电能力。VSC - HVDC 通过快速精准的电压控制使现有电网在接近极限情况下运行成为可能，现有交流电路的输电容量通过无功控制的快速响应抵消暂态过电压而得到极大的提高。

（5）快速恢复事故后的供电和黑启动。正常情况下，交流系统电压作为柔性直流的参考电压，而交流电网的电源决定了其幅值和频率。当交流系统的电压崩溃时，柔性直流会立即启动自身的参考电压并脱离交流系统的参考量。这时 VSC - HVDC 等同于无转动惯量的备用发电机，准备随时向崩溃的电网内重要负荷供电。

（6）提高交流电网功角稳定性。同电压稳定一样，电网的功角稳定在某种程度上制约着线路的输电能力。柔性直流输电通过保持有功功率不变，调节无功功率或保持电压不变，调节有功潮流的方式来提高交流电网的功角稳定性。

1.2　柔性直流输电的应用

图 1-3 所示为（$n+1$）电平三相模块化多电平换流器（MMC）的拓扑结构。每个 MMC 单元各相均有两个桥臂（即上桥臂和下桥臂），每桥臂都由 n 个子模块（Sub - Module，SM）与一个电抗器 l 串联构成，上、下两个桥臂的连接点即对应相的交流端。相臂内电抗器 l 的作用是抑制桥臂间因总直流电压差异引起的相间环流，同时还能有效地抑制直流母线故障情况下的冲击电流，提高系统的可靠性。为模拟高压直流换流站的总开关损耗，电阻器 R_P 并联在直流

母线上。公共直流母线电压为 U_{dc}，网侧电抗为 L，等效内阻 R。MMC 可以实现 AC‑DC 或 DC‑AC 的功率变换，可应用于高压直流输电（HVDC）、静止同步补偿器（STATCOM）等场合。

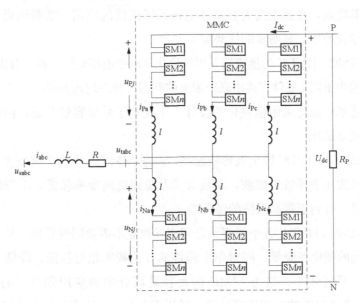

图 1‑3　三相 MMC 拓扑结构示意图

子模块 SM 是 MMC 的基本组成部分，拓扑结构如图 1‑4 所示。两个 IGBT 分别和反并联连接的二极管构成了半 H 桥，两个 IGBT 上并联一个直流电容，稳态下直流电容等同于一个电压大小为 u_C 的电压源。通过控制开关 VT1 和 VT2 的通断可以实现模块输出电压 u_{SM} 在电容电压 u_C 与零之间的切换，从而使得 MMC 中每相两个桥臂电压之和就等于直流母线电压，通过调节桥臂电压变化率就可以使得输出端得到期望电压[16]。

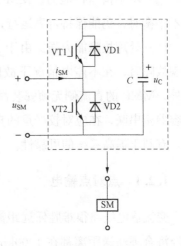

图 1‑4　MMC 的子模块 SM 的拓扑结构示意图

MMC 电路具备高度模块化、子模块能相互对换等优点，因此可以通过增减接入换流器的子模块个数来满足不同功率和电压等级的要求，便于集成化设计，缩短项目周期，降低成本预算[17-20]。

基于 MMC 拓扑的 HVDC 系统（简称 MMC‑HVDC）的提出对我国未来电网的发展产生了深远影响，由于具有模块化的结构、可扩展性、损耗低和输出谐波少等特点，在远距离大容量输电得到了广泛的应用，渐渐地成为直流输电工程的建设趋势。其明显的优势如下[21-25]。

（1）MMC‑HVDC 的换流站采用模块化多电平电压源换流器，解决了 VSC‑HVDC 结构中 IGBT 器件直接串联所带来的静态、动态均压问题，由于桥臂上级联的每个功率单元均采用模块化的设计，不仅利于系统容量升级，同时便于维护，易于冗余设计。

（2）MMC‑HVDC 输出波形质量高，一般 MMC 产生电平数较多，所输出的电压阶梯波几乎等效正弦波，谐波含量及总谐波畸变率较低，不需额外安装交流滤波器，有利于提高系统的经济性。

（3）MMC‑HVDC 各个子模块之间相互独立不需要同时导通，从而使桥臂电压和电流的变化率降低；同时单个器件的开关频率相对较低，降低了开关损耗，提高了系统效率，这为 MMC 在大容量场合中的应用创造了有利条件；MMC 公共直流母线的电流连续可调，适用于背靠背高压直流输电领域。

（4）不平衡运行能力。MMC 三相结构对称，且均可独立控制，当三相电压不平衡时，仍能保持可靠运行，并具有很强的黑启动能力。

（5）处理故障能力强。由于 MMC 的子模块冗余特性，当有 MMC 子模块出现故障时，在不停电情况下故障模块由冗余模块替换提高了系统的可靠性；另外，MMC 的直流侧无须安装高压电容器组，而且桥臂上的 l 与分布式的储能电容器相串联，在应对较严重的直流母线短路故障时，l 可有效抑制交流冲击电流，有利于提高系统的可靠性。

1.2.1　点对点输电

交流输电线路很难胜任远距离大容量输电任务，任何电压等级的交流输电的经济合理输送距离都在 1000km 以内[23]。而采用传统直流输电技术实现远距离大容量输电的根本性制约因素是受端电网的多直流馈入问题。所谓多直流馈入就是在受端电网的一个区域中集中落点多回直流线路，这是采用直流输电向负荷中心区送电的必然结果，在我国具有一定的普遍性。例如，到 2030 年在广东电网的珠江三角洲 200km×200km 的面积内，按照需求可能要落点 13 回直流线路，这种情况构成了最典型的多直流馈入问题。理论分析和工程经验都表明，多直流馈入问题主要反映在两个方面，并且对于交直流并列输电系统问题尤其突出。

（1）换相失败引起输送功率中断威胁系统的安全稳定性。当交流系统发生短路故障时，瞬间电压跌落可能会引起多个换流站同时发生换相失败，导致多回直流线路输送功率中断，引起整个系统的潮流大范围转移和重新分布，影响故障切除后受端系统的电压恢复，从而影响故障切除后直流功率的快速恢复，由此造成的冲击可能会威胁到交流系统的暂态稳定性。

（2）当任何一回大容量直流输电线路发生双极闭锁等严重故障时，直流功率会转移到与其并列的交流输电线路上，造成并列交流线路的严重过负荷和低电压，极有可能引起交流系统暂态失稳。

为了解决传统直流输电所引起的多直流馈入问题，采用柔性直流输电技术是一个很好的方案。因为在交流系统故障时，只要换流站交流母线电压不为零，柔性直流输电系统的输送功率就不会中断。因而在多直流馈入情况下，即使交流系统发生故障，多回柔性直流输电线路也不会中断输送功率，一定程度上避免了潮流的大范围转移，因此对交流系统的冲击比传统直流输电线路要小得多。

当采用柔性直流输电技术时，多直流馈入问题实际上已不复存在，因为没有换相失败问题，当然更不存在多个换流站同时发生换相失败的问题。柔性直流输电线路在交流故障下的响应特性与交流线路类似，甚至更好，即在故障时只要还存在电压，就能输送功率，而在故障切除电压得到恢复的情况下输送功率就立即恢复到正常水平，且柔性直流输电系统可以帮助交流系统恢复电压，这是交流线路所做不到的。因此，采用柔性直流输电技术，其突出优点是：①馈入受端交流电网的直流输电落点个数和容量已不受限制，受电容量与受端交流电网的结构和规模没有关系，即不存在所谓的"强交"才能接受"强直"的问题；②不增加受端电网的短路电流水平，破解了因交流线路密集落点而造成的短路电流超限问题。

将 MMC－HVDC 技术应用于远距离大容量点对点架空线输电，其遇到的主要技术障碍是如何快速清除直流侧故障并快速恢复输电能力，因为常规的通过跳交流系统侧断路器以清除直流侧故障的方法，难以满足大规模电力系统稳定性对远距离大容量输电的要求。而实现直流侧故障快速清除的技术途径有两方面：一是采用高速直流断路器；二是采用具有直流侧故障自清除能力的新颖换流器，包括 MMC 型及混合型换流器等。本书后面有专门章节讨论直流侧故障快速清除技术。

1.2.2　背靠背联网直流异步联网

采用直流异步互联的电网结构已越来越受到国际电力工程界的推崇。例如，美国东北电力协调委员会（NPCC）前执行总裁 George C. Loehr 在"8.14"美加大停电后的访谈中倡导，将横跨北美洲的两大巨型同步电网拆分成若干个小型同步电网，而这些小型同步电网之间采用直流输电进行互联。ABB 公司将这种用于交流电网异步互联的直流输电系统形象地称为防火墙，用于隔离交流系统之间故障的传递。美国电力研究院（EPRI）在其主导的研究中，将柔性直流输电系统称作电网冲击吸收器，并倡导将其嵌入到北美东部大电网中，从而将北美东部大电网分割成若干个相互之间异步互联的小型同步电网，其仿真结果表明采用这种小型同步电网异步互联结构，可以有效预防大面积停电事故的发生。

直流异步联网的优点主要表现在以下几方面：

（1）避免连锁故障导致大面积停电。近年来世界上的几次大停电事故都表明，对于大规模的同步电网，相对较小的故障可以引发大面积停电事故。例如，当某条交流线路由于过负荷而被切除后，转移的潮流可能导致邻近线路发生过负荷并相继切除，由于潮流转移很难控制，故障可以从一个区域迅速传递到另一个区域，最终导致系统瓦解。而采用直流异步联网结构，就在网络结构上将送端电网的故障限制在送端电网内，受端电网的故障限制在受端电网内，从而消除了潮流的大范围转移，避免了交流线路因过负荷而相继跳闸，因而是预防大面积停电事故发生的最有效措施。

（2）根除低频振荡。对于大规模的同步电网，极有可能发生联络线功率低频振荡问题，根据国内外大电网运行的经验，当两个大容量电网同步互联后，发生低频振荡的可能性很大，而且在这种情况下，一旦发生低频振荡，解决起来就比较困难，并不是所有机组配置电力系统稳定器（PSS）就能解决问题。而采用直流异步联网结构，就从网络结构上彻底根除了产生低频振荡的可能性。

（3）不会对被连交流系统的短路电流水平产生影响。因为直流换流站不会像发电机那样为短路点提供故障电流[24-25]。

1.2.3 构建直流电网

传统直流输电技术电流不能反向，而并联型直流电网电压极性又不能改变，使得直流电网潮流方向单一，难以发挥直流电网的优势。因而在直流输电技术发展的前 50 年中直流电网并没有得到大的发展。柔性直流输电技术出现以后，由于直流电流可以反向，直流电网的优势可以充分发挥，因而发展直流电网技术已成为电力工业界的一个新的期望。但发展直流电网的主要技术瓶颈有三个：第一是直流侧故障的快速检测和隔离技术；第二是直流电压的变压技术；第三是直流线路的潮流控制技术。与这三个技术瓶颈相对应的核心装置是大容量高电压高速直流断路器、大容量直流变压器和直流线路潮流控制器。目前在大容量高电压高速直流断路器、大容量直流变压器和直流线路潮流控制器的研究方面已有所进展，但离投入实际工程应用都还有距离[26-30]。

本章参考文献

[1] 孙涛，赵天燕. 我国能源消耗碳排放量测度及其趋势研究 [J]. 审计与经济研究，2014，29（02）：104-111.

[2] 郝新东. 中美能源消费结构问题研究 [D]. 武汉：武汉大学，2013.

[3] 邢万里. 2030 年我国新能源发展优先序列研究 [D]. 北京：中国地质大学，2015.

[4] 夏向阳，易浩民，邱欣，等. 双重功率优化控制的规模化光伏并网电压越限研究 [J]. 中国电机工程学报，2016，36（19）：5164-5171+5397.

[5] 夏向阳，王锦泷，易浩民，等. 光伏并网发电系统最大功率输出控制研究 [J]. 中南大学学报（自然科学版），2016，47（07）：2296-2303.

[6] 盖兆军. 基于低碳经济的我国电力行业可持续发展研究 [D]. 长春：吉林大学，2015.

[7] 白建华，辛颂旭，刘俊，等. 中国实现高比例可再生能源发展路径研究 [J]. 中国电机工程学报，2015，35（14）：3699-3705.

[8] 杨锦春. 能源互联网：资源配置与产业优化研究 [D]. 上海：上海社会科学院，2019.

[9] 王丽，蔡春霞，王忠臣，等. 我国能源结构及电力供需简析 [J]. 能源环境保护，2014，28（02）：1-4+8.

[10] 刘金朋. 基于资源与环境约束的中国能源供需格局发展研究 [D]. 华北电力大学，2013.

[11] 楚帅，陈江艳，万莹，等．试论直流输电的优势及发展前景［J］．电子世界，2015 （22）：69+71.

[12] 杨冬．特高压输电网架结构优化与未来电网结构形态研究［D］．济南：山东大学，2013.

[13] 王永平，赵文强，杨建明，等．混合直流输电技术及发展分析［J］．电力系统自动化，2017，41（07）：156-167.

[14] 许飞宇．国际电网输电技术发展趋势及应用研究［D］．北京：华北电力大学，2017.

[15] Rodriguez J, Laij S, PPENGF Z. Multilevel inverters：a survey of topologies controls and applications［J］. IEEE Transactions on Industrial Electronics，2002，49（4）：724-738.

[16] Marquardt R. Modular Multilevel Converter：An universal concept for HVDC-Networks and extended DC-Bus-applications［C］. International Power Electronics Conference （IPEC），2010：502-507.

[17] Flourentzou N, Agelidis V G, Demetriades G D. VSC-based HVDC power transmission systems：an overview［J］. IEEE Transactions on Power Electronics，2009，24（3）：592-602.

[18] 刘昇，徐政．联于弱交流系统的 VSC-HVDC 稳定运行区域研究［J］．中国电机工程学报，2016，36（01）：133-144.

[19] 刘剑，邰能灵，范春菊，等．柔性直流输电线路故障处理与保护技术评述［J］．电力系统自动化，2015，39（20）：158-167.

[20] 王毅，付媛，苏小晴，等．基于 VSC-HVDC 联网的风电场故障穿越控制策略研究［J］．电工技术学报，2013，28（12）：150-159.

[21] 管敏渊，徐政，屠卿瑞，等．模块化多电平换流器型直流输电的调制策略［J］．电力系统自动化，2010，34（2）：48-52.

[22] 余利霞．基于模块化多电平换流器的直流输电系统研究［D］．重庆：重庆大学，2014.

[23] 唐庚，徐政，薛英林．LCC-MMC 混合高压直流输电系统［J］．电工技术学报，2013，28（10）：301-310.

[24] 蔡新红，赵成勇，庞辉，等．向无源网络供电的 MMC-HVDC 系统控制与保护策略［J］．中国电机工程学报，2014，34（03）：405-414.

[25] 付艳，黄金海，吴庆范，等．基于 MMC 多端柔性直流输电保护关键技术研究［J］．电力系统保护与控制，2016，44（18）：133-139.

[26] 温家良，葛俊，潘艳，等．直流电网用电力电子器件发展与展望［J］．电网技术，2016，40（03）：663-669.

[27] 刘云，荆平，李庚银，等.直流电网功率控制体系构建及实现方式研究［J］.中国电机工程学报，2015，35（15）：3803 - 3814.

[28] 李国庆，龙超，孙银锋，等.直流潮流控制器对直流电网的影响及其选址［J］.电网技术，2015，39（07）：1786 - 1792.

[29] 孙蔚，姚良忠，李琰，等.考虑大规模海上风电接入的多电压等级直流电网运行控制策略研究［J］.中国电机工程学报，2015，35（04）：776 - 785.

[30] 李亚楼，穆清，安宁，等.直流电网模型和仿真的发展与挑战［J］.电力系统自动化，2014，38（04）：127 - 135.

第 2 章
模块化多电平换流器的工作原理

2.1 模块化多电平换流器单元的基本拓扑结构

三相模块化多电平换流器的拓扑结构如图 2-1 所示，0 点表示零电位参考点。一个换流器有 6 个桥臂，每个桥臂由一个电抗器 l 和 N 个子模块（SM）串联而成，每一相的上、下两个桥臂合在一起称为一个相单元。

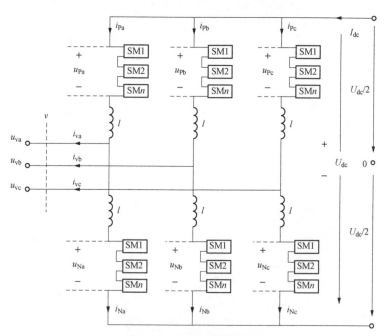

图 2-1　MMC 拓扑结构

i_{Pa}、i_{Pb}、i_{Pc}—a、b、c 三相上桥臂电流；i_{Na}、i_{Nb}、i_{Nc}—a、b、c 三相下桥臂电流；

u_{Pa}、u_{Na}—a 相上、下桥臂电压；i_{va}、i_{vb}、i_{vc}—a、b、c 三相交流侧相电流；

u_{va}、u_{vb}、u_{vc}—a、b、c 三相交流侧相电压；l—桥臂电感

从图 1-4 可知，MMC 的结构模块化程度高，不同电平数的控制算法方便移植，为适应不同电压和功率等级，只需改变子模块数量，具有高灵活、易控制、低成本的特点。另外，得益于子模块结构相同，对于系统故障，方便于冗余设计、控制，系统稳定性高。桥臂电感有两个重要用途：①削弱环流的谐波分量；②当系统发生短路故障时，可以起到缓冲交流冲击电流的作用。

2.2　模块化多电平换流器的工作原理及运行特性

如图 2-1 所示，在不考虑冗余的情况下，如果 MMC 每相均由 $2n$ 个 SM 串联构成，那么上下桥臂就分别有 n 个子模块，就能输出 $n+1$ 电平波形。

由前面的分析可知，各子模块构成的桥臂电压均可等效成一个可控电压源 u_{Pj}、u_{Nj}（$j=$a、b、c，表示三相电压），下标 P 表示上桥臂，下标 N 表示下桥臂。i_{Pj}、i_{Nj} 为相应桥臂电流。

由基尔霍夫定律（KVL）可得，直流侧母线电压 U_{dc} 在任意时刻都需要 n 个子模块电容电压 u_C 和电抗器 l 来平衡，因此有

$$U_{dc} = u_{Pj} + u_{Nj} + l\frac{\mathrm{d}}{\mathrm{d}t}(i_{Pj} + i_{Nj}) \tag{2-1}$$

由于 l 很小，稳态分析时可以忽略电抗上的压降。为了保证 MMC 的正常运行，一般要求 MMC 同相上、下两个桥臂的子模块互补对称投入。u_{Pj}、u_{Nj} 应尽量满足

$$u_{Pj} + u_{Nj} = U_{dc} \tag{2-2}$$

直流电压利用率为了达到最大值，在任意时刻，每相导通和关断的子模块各仅有 n 个，设上下桥臂投入的子模块数量分别为 n_{Pj}、n_{Nj}，则必须满足以下条件

$$n_{Pj} + n_{Nj} = n \tag{2-3}$$

若各子模块的电容电压均维持在其平均值 u_C，则由直流电压与各子模块电容电压的关系可得

$$u_C = U_{dc}/n \tag{2-4}$$

$$\begin{cases} u_{Pj} = n_{Pj}u_C \\ u_{Nj} = n_{Nj}u_C \end{cases} \tag{2-5}$$

由图 1-3 和图 1-4 可知，在 MMC 中的各相端子，一个理想的 $n+1$ 电平波形，相对于一个虚构的直流侧中点 t，交流侧的输出电压满足如下关系

$$u_{tj} = \frac{(n_{Nj} - n_{Pj})U_{dc}}{2n} \qquad (2-6)$$

式中：u_{tj} 为 MMC 中交流侧的相电压。

由式（2-6）可知：u_{tj} 在 $U_{dc}/2$ 和 $-U_{dc}/2$ 范围内，以步长为 U_{dc}/n 呈阶梯状变化。以下就用五电平拓扑 MMC 的例子分析其输出特性，如图 2-2 所示。每相上下桥臂均有四个子模块，则对应的每个子模块上的电容电压 $u_C = U_{dc}/4$。

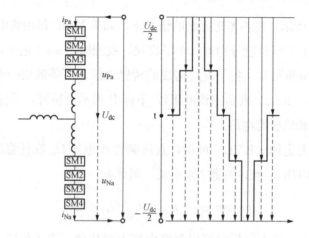

图 2-2　五电平拓扑 MMC 工作原理图

各桥臂的导通状态与输出电压的关系见表 2-1。

表 2-1　　　　　　　　　　　五电平 MMC 的交流输出状态

上桥臂投入的子模块数 n_{Pj}	下桥臂投入的子模块数 n_{Nj}	交流输出电压 u_{tj}
0	4	$+U_{dc}/2$
1	3	$+U_{dc}/4$
2	2	0
3	1	$-U_{dc}/4$
4	0	$-U_{dc}/2$

因此，通过对各相单元上下桥臂子模块的导通数的分配，就可达到交流侧输出电压为阶梯波形式的正弦波波形的目的。当子模块数量增加时，输出的电平数也随之增多，从而使输出的交流电压波形就越逼近正弦波。

由于 MMC 拓扑结构对称，每相的直流电流为总直流电流 I_{dc} 的 1/3。又因桥臂的等效阻抗值在各工频周期内是近似相等的，各相总串联阻抗也相等，所以交流电流 i_j 在上、下桥臂间均分。MMC 等效电路图如图 2 - 3 所示。根据电路原理，得到相应的臂电流为

$$i_{Pj} = \frac{I_{dc}}{3} + \frac{i_j}{2} + i_{zj} \qquad (2-7)$$

$$i_{Nj} = \frac{I_{dc}}{3} - \frac{i_j}{2} + i_{zj} \qquad (2-8)$$

式中：i_{zj} 为流过 MMC 中 j 相的相间环流分量。

环流分量叠加在桥臂电流中，导致原本正弦的桥臂电流发生畸变，对 MMC 器件的额定容量、SM 电容电压的波动都有很大的负面影响。因此，为了最大限度地减少其负面影响，应该抑制环流。

由基尔霍夫电压定理可得，MMC 中 j 相动态数学模型为

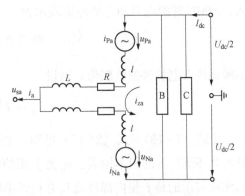

图 2 - 3 MMC 等效电路图

$$\frac{U_{dc}}{2} - l\frac{di_{Pj}}{dt} - u_{Pj} - Ri_j - L\frac{di_j}{dt} = u_{sj} \qquad (2-9)$$

$$-\frac{U_{dc}}{2} + l\frac{di_{Nj}}{dt} + u_{Nj} - Ri_j - L\frac{di_j}{dt} = u_{sj} \qquad (2-10)$$

$$u_{tj} = Ri_j + L\frac{di_j}{dt} + u_{sj} \qquad (2-11)$$

式中：u_{sj} 为变压器低压侧的电网电压。

根据式（2-7）、式（2-8），推导出上、下桥臂电流与交流侧相电流 i_j、环流 i_{zj} 的关系分别为

$$i_{zj} = \frac{1}{2}(i_{Pj} + i_{Nj}) - \frac{I_{dc}}{3} \qquad (2-12)$$

$$i_j = i_{Pj} - i_{Nj} \qquad (2-13)$$

将式（2-9）和式（2-10）相加，并将式（2-13）代入，MMC 的外部动态交流侧电流表示为

$$\frac{u_{Nj} - u_{Pj}}{2} = \frac{l}{2}\frac{\mathrm{d}i_j}{\mathrm{d}t} + Ri_j + L\frac{\mathrm{d}i_j}{\mathrm{d}t} + u_{sj} \qquad (2-14)$$

不妨设

$$u_j = \frac{u_{Nj} - u_{Pj}}{2} \qquad (2-15)$$

式中：u_j 可视为 j 相产生的内部电压。

由式（2-14）、式（2-15）可知，交流侧相电流 i_j 受上、下桥臂电压之差的影响。

此外，将式（2-9）和式（2-10）相减，并将式（2-12）中的 $i_{Pj} + i_{Nj}$ 代入，MMC 臂的内部动态的环流表示为

$$\frac{U_{dc}}{2} - \frac{u_{Pj} + u_{Nj}}{2} = l\frac{\mathrm{d}i_{zj}}{\mathrm{d}t} \qquad (2-16)$$

不考虑桥臂电抗器的电阻值，可设

$$u_{zj} = l\frac{\mathrm{d}i_{zj}}{\mathrm{d}t} \qquad (2-17)$$

由式（2-16）、式（2-17）可知，上、下桥臂电压之和与直流电压不相等是内部环流产生的根本原因。u_{zj} 是 j 相的内部不对称电压降，由图 2-2 可知，u_{zj} 实际表示的是 j 相内部环流 i_{zj} 在桥臂串联电抗 l 上的电压降。

图 1-4 中 MMC 单元的 SM 电容电压的动态开关描述为

$$i_{Cij} = C\frac{\mathrm{d}u_{Cij}}{\mathrm{d}t} \qquad (2-18)$$

式中：u_{Cij} 为子模块电容电压（$i=1, 2, \cdots, n$）。若在上桥臂中的子模块，则 $i_{Cij} = i_{Pj}$，若在下桥臂中的子模块，则 $i_{Cij} = i_{Nj}$。

2.3 模块化多电平换流器的主要调制策略

MMC-HVDC 中模块化多电平换流器属于高频全控型器件，在一个工频周期需多次对开关器件施加开通和关断信号，从而在交流侧产生恰当的交流电压波形。所谓 MMC 的调制方式就是换流器的开通和关断控制方法，相对基于两电平、三电平电压源换流器而言 MMC 的调制方式更加复杂。因而调制方式的选择对 MMC 十分重要，要求尽量简单、高效[6-9]。

目前，许多调制方式已被提出并应用，比如传统的空间矢量调制、正弦脉宽调制等，但是随着电平数越来越多时，调制算法变得越来越复杂，同时还要

考虑电容均压的问题，这些传统的调制策略已不再适用于 MMC。

MMC 常用的调制方式主要有两种：第一种是基于载波的脉宽调制（Pulse Width Modulation，PWM）技术，主要包括载波移相、载波层叠以及叠加零序分量等；第二种是阶梯波调制技术，主要有特定谐波消去阶梯波调制、电平逼近调制等。其中，载波移相调制（Carrier Phase - Shift Modulation，CPS - PWM）和最近电平逼近调制（Nearest Nevel Modulation，NLM）具有易扩展性和易实现性，广泛用于 MMC 换流器调制中[8-13]。本节重点介绍这两种调制技术。

2.3.1　载波移相调制策略

载波移相调制策略采用 n 条同频率、等幅值、相位相差 $2\pi/n$ 的三角载波，并利用三角载波与同一个正弦调制波相比较，从而产生 n 组 PWM 脉冲来分别控制各子模块，然后再叠加各 SM 的输出电压，形成多电平 PWM 电压波形。此调制策略不仅能够在较低的开关频率下实现较高的等效开关频率，还能控制输出谐波在较低范围内。

根据前面的分析，在不考虑冗余的情况下，对于一个输出 $n+1$ 电平的模块化多电平换流器，在任意时刻 MMC 每相投入的子模块数为 n，由于上、下两个桥臂的子模块是互补对称投入，也就是说当上桥臂投入的子模块数为 $n_{\mathrm{P}j}$，相应地下桥臂切除的子模块数为 $n_{\mathrm{P}j}$。所以，上桥臂每个子模块中 VT1 有着与下桥臂每个子模块中 VT2 一样的 PWM 驱动信号。可以看出，由于 MMC 的这种特性使得 CPS - PWM 调制简化了，即每相只需产生 n 组 PWM 脉冲，就能控制 $2n$ 个子模块的通断。

以 $n=4$ 为例，图 2 - 4 所示为一个 5 电平 MMC 的 CPS - PWM 调制示意图。利用 4 个三角载波与同一个正弦调制波进行比较，各载波之间角度间隔 $2\pi/4$，产生 4 组 PWM 脉冲，经过叠加后，便可得出图中上下桥臂应投入的子模块数目。

从图 2 - 4 中可以看出，上、下桥臂在每个时刻总共投入的子模块数为 4 个，验证了 CPS - PWM 策略的可行性。

针对 MMC 的子模块电容电压均衡问题，CPS - PWM 策略得到的 PWM 脉冲不能直接作用于某个子模块的开通和关断指令，应该将适用于 CPS - PWM 调

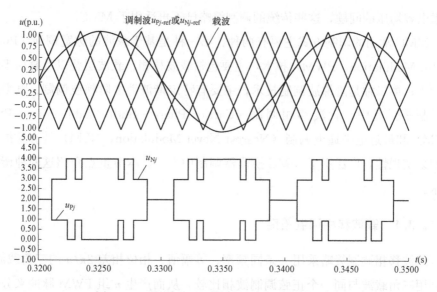

图 2-4　5 电平 MMC 的 CPS-PWM 调制示意图

制方法的分级控制的电容均压策略与其相结合，具体的将在 2.3.2 小节详细介绍。

2.3.2　最近电平逼近调制策略

当 MMC 换流器输出电平数较多时，如果采用 CPS-PWM 调制策略，不但需要许多三角载波同调制波相比较，工作量繁重，而且开关频率过高导致开关损耗也随之增加。而基于阶梯波的调制方法更适合应用于大功率场合的 MMC，最常用的是电压逼近调制方法。电平逼近调制包括空间矢量控制（Space Vector Control，SVC）及最近电平逼近调制（Nearest Level Modulation，NLM）。由于 SVC 随电平数增加时，电压矢量数增多，实现较复杂，不利于实际运用。NLM 原理就是通过叠加阶梯波来使输出电压波形拟合正弦波。当电平数逐渐增多时，参考电压量化误差变得越来越小，而控制算法难度几乎不变。因此，NLM 适用在电平数较多的场合，动态性能优，实现过程容易且简单。

由式（2-3）的结论可知，MMC 同相中上桥臂投入的子模块数 n_{Pj} 与下桥臂投入的子模块数 n_{Nj} 应互补，其和为 n（通常为偶数）。(n_{Pj}, n_{Nj}) 最多有 $n+1$ 种组合，即 $(n, 0)$、$(n-1, 1)$、$(n-2, 2)$、…、$(0, n)$。当 (n_{Pj}, n_{Nj}) 为 $(n/2, n/2)$ 时，则该相输出电压为零。图 2-5 所示为最近电平逼近调制示

意图。调制波瞬时值从零开始增加，该相单元的 n_{Nj} 需逐渐增加时，n_{Pj} 应逐渐相减少，随着调制波的增加使得该相的输出电压也升高。一般地，NLM 能将 MMC 的输出电压与调制波之间的电压差值控制在（$\pm u_C/2$）范围内。

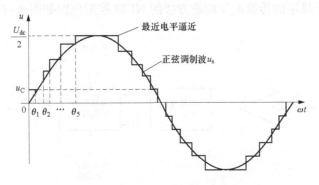

图 2-5　最近电平逼近调制示意图

设任一时刻上桥臂投入的子模块数 n_{Pj} 与下桥臂投入的子模块数 n_{Nj} 分别为

$$n_{Pj} = \frac{n}{2} + \text{round}\left(\frac{u_s}{u_C}\right) \qquad (2-19)$$

$$n_{Nj} = n - n_{Pj} = \frac{n}{2} - \text{round}\left(\frac{u_s}{u_C}\right) \qquad (2-20)$$

式中：u_s 为调制波瞬时值，它是根据参考指令得出的换流器输出交流电压；u_C 为子模块电容电压；$\text{round}(x)$ 表示取 x 最接近的整数。

受子模块数的限制，有 $0 \leqslant n_{Pj}, n_{Nj} \leqslant n$。若由式（2-19）、式（2-20）计算得到的 n_{Pj}、n_{Nj} 总在 $0 \sim n$ 之间，称之为 NLM 的正常工作区；算得的 n_{Pj}、n_{Nj} 不在 $0 \sim n$ 范围内，这种情况下就只能取相应的边界值，此时称 NLM 工作在过调制区。MMC 在工作区时，当输出电平数为 21 电平及其以上电平时，电压波形的总谐波畸变率 THD 基本上小于 5%。

通过以上分析可以分别统计上、下桥臂在任意时刻需投入的子模块数。但具体哪个子模块导通并不确定，如果随意投切子模块将会导致各子模块电容电压不均衡，影响系统的正常运行。因此还需对各子模块电容电压进行均衡控制。

基于排序法的电容均压策略基本原理如下。首先，对各子模块电容电压实时监测，输入电容电压值到控制器进行排序。然后，再对桥臂电流方向实时检测，得出其对各子模块电容的充放电情况。最后，当下一次电平变动的时候，若正向桥臂电流向子模块电容充电，则投入 n_{Pj} 个电容电压较低的子模块，提升其电压；反之，若反向桥臂电流使子模块电容放电，那么应投入 n_{Nj} 个电容电压较高的子模块，降低其电压。因此，各子模块电容在一定频率的触发脉冲作用下，都可以进行充电或放电，从而使电容电压值彼此间相互接近，达到均衡。

结合基于排序的传统电压均衡方法的 NLM 控制框图如图 2-6 所示。

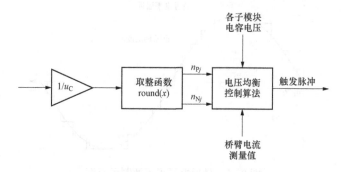

图 2-6　结合基于排序的传统电压均衡方法的 NLM 控制框图

2.4　模块化多电平换流器的完整解析数学模型及其稳态特性

换流器的数学模型是柔性直流输电系统的关键性问题之一，因为这是所有相关研究工作的基础，也是进行建模、分析和控制的第一步。MMC 的完整解析数学模型能够给出各电气量任意次谐波解析表达式，对深入理解其运行原理、研究系统运行特性、主回路参数设计以及控制器设计都具有非常重要的指导意义。[10-12]

2.4.1　模块化多电平换流器数学模型

考虑交流侧中性点和直流侧中性点的 MMC 拓扑结构如图 2-7 所示。直流侧中性点用 O 表示、交流侧中性点用 O′ 表示、电阻 R_0 用来等效整个桥臂的损耗、l 为桥臂电抗器、C_0 为子模块电容。同一桥臂所有子模块构成的桥臂电压为 $u_{rj}(r=P、N$，分别表示上、下桥臂；$j=a、b、c$，表示 a、b、c 三相），流过桥臂的电流为 i_{rj}，U_{dc} 为直流电压，I_{dc} 为直流线路电流。E_{sj} 交流系统 j 相等效电动势，L_{ac} 为换流器交流出口 va、vb、vc 到交流系统等效电动势之间的等效电感（包含系统等效电感和变压器漏电感），MMC 交流出口处输出电压和输出

电流分别为 u_{vj} 和 i_{vj}，u_{EPN} 为点 E_{Pa} 和点 E_{Na} 之间的电位差。

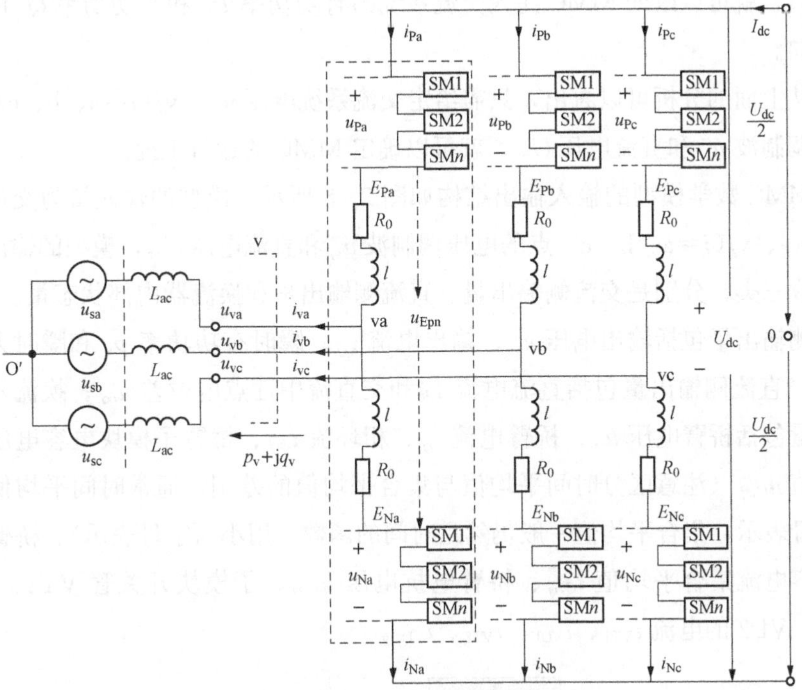

图 2 - 7　MMC 拓扑结构图

MMC 基本控制方式主要有直流侧定直流电压控制、交流侧定交流电压控制、交流侧定有功功率控制、交流侧定无功功率控制。MMC - HVDC 的一大优势是能够对有功功率和无功功率进行独立控制，所以交流侧定有功功率控制和交流侧定无功功率控制是最常用的控制方式。图 2 - 7 也可以用来分析 MMC 基波下的稳态特性，从 MMC 交流出口（v 点）注入交流系统的有功功率和无功功率分别为

$$P_v = 3 \frac{U_v U_s}{X_{ac}} \sin\delta_{vs} \qquad (2 - 21)$$

$$Q_v = 3 \frac{U_v(U_v - E_s \cos\delta_{vs})}{X_{ac}}$$

式中：U_v 为 MMC 交流出口的基波相电压有效值；E_s 为交流系统等效相电动势有效值；δ_{vs} 为 MMC 交流出口基波电压与交流系统等效电动势之间的相位差；X_{ac}（$X_{ac} = j\omega L_{ac}$）为 MMC 交出口到交流系统等效电动势之间的基波阻抗。

从式（2-13）和式（2-14）可以看出，通过制 MMC 交流出口电压的相位和幅值，就可以改变 MMC 注入交流系统的有功功率 P_v 和无功功率 Q_v 的大小和方向。

从上面的分析可以看出，只需给定交流系统电压 u_{sj}、$vj(j=a、b、c)$ 点的电压调制波 u_{vj}^* 和直流电压 U_{dc}，就可以确定 MMC 的运行工况。

MMC 数学模型的输入输出结构如图 2-8 所示。模型的输入量为交流系统电压 u_{sj}、$vj(j=a、b、c)$ 点的电压调制波 u_{vj}^* 和直流电压 U_{dc}，模型的输出量可以分成三类，分别是交流侧输出量、直流侧输出量和换流器内部状态量。其中，交流侧输出量包括输出电压 u_{vj}、输出电流 i_{vj}、瞬时有功功率 p_v 和瞬时无功功率 q_v；直流侧输出量包括直流电流 I_{dc} 和交直流中性点电位差 $u_{oo'}$；换流器内部状态量包括桥臂电压 u_{rj}、桥臂电流 i_{rj}、相环流 i_{cirj}、桥臂子模块电容电压集合平均值 $u_{C,rj}$（注意区分时间平均值与集合平均值的差别，通常时间平均值用大写字母表示，集合平均值一般仍然是时间的函数，用小写字母表示）、桥臂子模块电容电流集合平均值 $i_{C,rj}$、桥臂电抗电压 $u_{L,rj}$、子模块开关管 VT1、VD1、VT2、VD2 的电流 i_{VT1}、i_{VD1}、i_{VT2}、i_{VD2}。

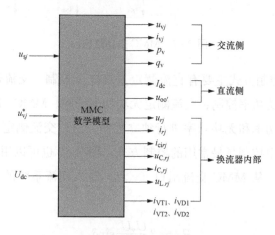

图 2-8　MMC 数学模型的输入输出结构

其中，本节考虑稳态运行条件，且所有的理论推导都基于如下假设：

（1）所有电气量均以工频周期 T 为周期；

（2）a、b、c 三相的同一电气量在时域上依次滞后 $T/3$；

（3）同相上下桥臂的同一电气量在时域上彼此相差 $T/2$；

（4）MMC 采用实时触发。

前 3 个假设是 MMC 稳态运行最基本的条件，第 4 个假设是 MMC 采用实时触发。

理论分析中，实时触发表示 MMC 的控制频率为无穷大，即 MMC 可以看成是时域上的连续控制。在数字仿真中，实时触发要求仿真步长足够小，并且控制频率所对应的控制周期要等于仿真步长。

2.4.2　模块化多电平换流器的基波等效电路

在本节推导 MMC 的解析数学模型时，MMC 交流出口 v 点被选作 MMC 与交流系统之间的交接点，因而电压调制波 u_{vj}^{*} 是根据 v 点的电压要求来确定的。但由于桥臂电抗器的作用，u_{vj} 不能由子模块直接合成的电压 u_{rj}（r＝P、N；j＝a、b、c）来进行直接控制，因而将 v 点选作电压调制波的定义节点对控制器设计来说并不方便。而根据本节 MMC 解析模型的推导结果，对于基波等效电路，相单元中两个桥臂电抗器各自的非公共连接端（即图 2-9 中的 E_{Pj} 和 E_{Nj}）是等电位的，因此可以将 E_{Pj} 和 E_{Nj} 这两个点连接起来，用△来表示该点，称为上、下桥臂电抗器的虚拟等电位点，并将该点的电压用 u_{diffj} 来表示。这样，就可以得到 MMC 的单相基波等效电路如图 2-9 所示，图中 j＝a、b、c。

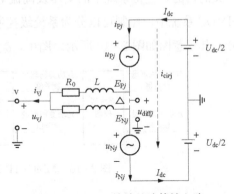

图 2-9　MMC 单效基波等效电路

根据图 2-9，可以直接推导出

$$u_{diffj} = \frac{1}{2}(u_{Nj} - u_{Pj}) \tag{2-22}$$

$$\left(L_{ac} + \frac{L}{2}\right)\frac{di_{vj}}{dt} + \frac{R_0}{2}i_{vj} = u_{diffj} - u_{sj} \quad L\frac{di_{cirj}}{dt} + R_0 i_{cirj} = \frac{U_{dc}}{2} - u_{comj} \tag{2-23}$$

式中：u_{comj} 为共模电压。

这与式（2-33）、式（2-35）和式（2-36）相一致。这样，u_{diffj} 不但可以理解为上、下桥臂的差模电压，同时也可以理解为上、下桥臂电抗器虚拟等电位点△上的电压。

由于 u_{diffj} 可以直接由 u_{Pj} 和 u_{Nj} 控制，因而将图 2-9 中的△选作电压调制波的定义节点对控制器设计来说是方便的。这样，定义 MMC 的输出电压调制比 m 等于△上的基波相电压幅值 u_{diffm} 除以 $U_{\mathrm{dc}}/2$，有

$$m = \frac{U_{\mathrm{diffm}}}{U_{\mathrm{dc}}/2} \tag{2 - 24}$$

当然，MMC 的输出电压调制比 m 也可以理解为桥臂差模电压的基波幅值除以 $U_{\mathrm{dc}}/2$。

2.5 MMC - HVDC 系统控制策略

2.5.1 控制策略原理

MMC - HVDC 系统的控制策略直接关系到系统的安全、经济运行。其控制原理可概述为通过分析系统发出的指令要求，输出相应的 PWM 脉冲来达到调控换流阀开关的目的，使得系统中的电压及潮流等相关运行参数达到期望值。在 MMC - HVDC 系统中，控制可以分为系统级控制、换流站级控制、换流阀级控制三部分，其示意图如图 2 - 10 所示。图中，δ 为调制波的初始相应，M 为调制比。

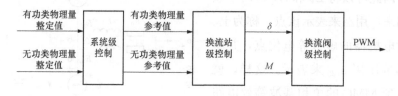

图 2 - 10 MMC - HVDC 三级控制原理图

系统级控制作为 MMC - HVDC 系统三层控制系统中的最高层控制。主要是通过接收上一级发出的有功及无功类物理量的整定值，利用设定的控制算法，从而得出其物理量的参考值。获得的参考值输出给换流站级控制，换流站级控制以此参考值为输入再进行下一步的控制。系统级控制可使系统在不同运行方式、运行点之间平稳转换，并使得有功及无功类物理量能够独立调节。

每个换流站能够在系统稳定并且直流侧功率平衡的条件下独立地进行系统级控制。在系统级控制中，依据不同的控制对象可以分两大类：一类是有功类控制，主要包括有功功率控制、频率控制及直流电压控制等；另一类为无功类控制，主要包括无功功率控制及交流电压控制。

需注意的是，换流站只能在有功类和无功类控制量中各选其一。为了保证 MMC - HVDC 系统有功功率平衡，一端换流站必须采用定直流电压控制，另一端换流站采用其他有功类控制。

MMC - HVDC 系统控制的核心是换流站级控制，主要是通过由系统级控制输出的物理量参考值来得出正弦 PWM 信号的移相角及调制比，再将这些参数输入给下一级的换流阀级控制。早期的间接电流控制存在电流响应速度慢、容易受系统参数影响等不足，已不再适用于 MMC - HVDC 控制系统。当前主要是采用直接电流控制，该控制方法分为一个外环与一个内环，外环是由功率、电压等控制构成，内环则为交流电流解耦控制器。此控制是将交流电流注入控制器，使该控制系统拥有很快的电流响应速度及较强的抗干扰能力。本章接下来将对直接电流控制进行详细分析，并提出一种新型的模型预测控制策略。

将换流站级控制输出 PWM 信号的调制比与移相角输入到下一级的换流阀级控制中，并通过合适的调制策略产生相应的 PWM 触发脉冲，从而对 IGBT 的通断进行控制。在 MMC - HVDC 系统中，这一过程主要采用最近电平调制或载波移相调制策略并结合子模块电容均压及环流抑制的控制分量来实现，2.3.2 小节已详细介绍，这里不再复述。

2.5.2　MMC - HVDC 系统的 dq 坐标模型

分析 MMC - HVDC 系统并建立其低频动态数学模型，只考虑物理量的基波分量。由 KVL 可得到 MMC 输出电压 u_{tj} 与交流系统电压 u_{sj} 的关系为

$$\begin{cases} L\dfrac{\mathrm{d}i_a}{\mathrm{d}t} + Ri_a = u_{sa} - u_{ta} \\[2mm] L\dfrac{\mathrm{d}i_b}{\mathrm{d}t} + Ri_b = u_{sb} - u_{tb} \\[2mm] L\dfrac{\mathrm{d}i_c}{\mathrm{d}t} + Ri_c = u_{sc} - u_{tc} \end{cases} \qquad (2-25)$$

对式（2-25）进行 dq 旋转坐标变换，变换矩阵为

$$T_{acb/dq} = \frac{2}{3}\begin{bmatrix} \cos\theta & \cos\left(\theta - \dfrac{2}{3}\pi\right) & \cos\left(\theta + \dfrac{2}{3}\pi\right) \\[3mm] -\sin\theta & -\sin\left(\theta - \dfrac{2}{3}\pi\right) & -\sin\left(\theta + \dfrac{2}{3}\pi\right) \end{bmatrix} \qquad (2-26)$$

式中：θ 为 u_{sa} 余弦形式的相角。

可以得到

$$\begin{cases} L\dfrac{\mathrm{d}i_\mathrm{d}}{\mathrm{d}t} + Ri_\mathrm{d} = u_\mathrm{sd} - u_\mathrm{td} + \omega Li_\mathrm{q} \\[3mm] L\dfrac{\mathrm{d}i_\mathrm{q}}{\mathrm{d}t} + Ri_\mathrm{q} = u_\mathrm{sq} - u_\mathrm{tq} - \omega Li_\mathrm{d} \end{cases} \tag{2-27}$$

式（2-27）为 dq 旋转坐标系下 MMC-HVDC 系统的数学模型。这样就将系统的 a、b、c 三相交流量转变为 dq 旋转坐标下的两相直流量，便于分析系统并设计控制器。

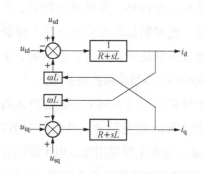

图 2-11 MMC-HVDC 系统低频动态等效模型

将式（2-27）通过拉普拉斯变换，可以得到在两相 dq 坐标系下 MMC-HVDC 系统的低频动态等效模型，如图 2-11 所示。

稳态时，式（2-27）表示的旋转坐标以电网电压相量 u_sa 的方向为 d 轴方向，$u_\mathrm{sd} = u_\mathrm{s}$，$u_\mathrm{sq} = 0$，则交流系统送入 MMC 的有功功率和无功功率分别为

$$P = 1.5u_\mathrm{sd}i_\mathrm{d} \tag{2-28}$$

$$Q = -1.5u_\mathrm{sd}i_\mathrm{q} \tag{2-29}$$

2.5.3 直接电流控制器设计

直接电流控制器是由外环控制器和内环电流控制器组成。外环控制器接收上层系统级控制输出的有功功率、无功功率及直流电压等参考值，通过计算获得 d、q 轴电流参考值。内环电流控制器则是根据外环控制输出的 d、q 轴电流参考值来对换流器的输出电压进行控制，并使 d、q 轴电流迅速跟踪其参考值，得到换流站级所需的调制波。以一端换流站为例，其控制结构图如图 2-12 所示。

1. 内环电流控制器设计

由式（2-27）可知，MMC 中 i_d、i_q 不仅受到 MMC 输出电压 u_td、u_tq 的影响，而且还受到电流交叉耦合量 ωLi_d、ωLi_q 和电网侧交流电压 u_sd、u_sq 的影响。因此，为了实现 d、q 轴电流之间的解耦，将式（2-27）改写为

$$\begin{cases} u_\mathrm{td} = u_\mathrm{sd} + \omega Li_\mathrm{q} - \left(L\dfrac{\mathrm{d}i_\mathrm{d}}{\mathrm{d}t} + Ri_\mathrm{d}\right) \\[3mm] u_\mathrm{tq} = u_\mathrm{sq} - \omega Li_\mathrm{d} - \left(L\dfrac{\mathrm{d}i_\mathrm{q}}{\mathrm{d}t} + Ri_\mathrm{q}\right) \end{cases} \tag{2-30}$$

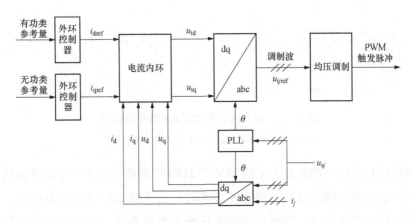

图 2-12　一端换流站直接电流控制图

采用 PI 控制时，式（2-30）可表示为

$$
\begin{cases}
u_{\mathrm{td}} = u_{\mathrm{sd}} + \omega L i_{\mathrm{q}} - \left[k_{\mathrm{p1}}(i_{\mathrm{dref}} - i_{\mathrm{d}}) + k_{\mathrm{i1}} \int (i_{\mathrm{dref}} - i_{\mathrm{d}}) \mathrm{d}t \right] \\
u_{\mathrm{tq}} = u_{\mathrm{sq}} - \omega L i_{\mathrm{d}} - \left[k_{\mathrm{p2}}(i_{\mathrm{qref}} - i_{\mathrm{q}}) + k_{\mathrm{i2}} \int (i_{\mathrm{qref}} - i_{\mathrm{q}}) \mathrm{d}t \right]
\end{cases}
\tag{2-31}
$$

式中：i_{dref}、i_{qref} 分别为有功电流和无功电流的参考值，由外环控制器输出得到。

图 2-13 为内环电流解耦控制器，式（2-31）中 u_{td}、u_{tq} 分别对应的是换流器输出电压的期望值 u_{dref}、u_{qref}，然后将它们作为调制波，选取合适的调制策略产生相应的 PWM 触发脉冲，从而控制 IGBT 的通断。可见，内环电流控制采用电流反馈和电网电压前馈，消除了 d、q 轴之间耦合，具有优质的电流响应和鲁棒性。

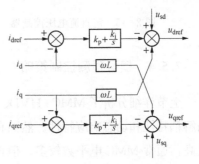

图 2-13　内环电流解耦控制器

k_{p}—比例调节系数；k_{i}—积分调节系数

2. 外环电流控制器设计

MMC-HVDC 系统中外环控制器主要有定直流电压控制器、定有功功率控制、定交流电压控制器、定无功功率控制器四种。

当三相电网电压平衡时，u_{sj} 波动很小，d、q 轴电流可分别由 P、Q 独立控制。从而，引入 PI 控制，则定有功功率控制器、定无功功率的控制器分别如图 2-14（a）、（b）所示。

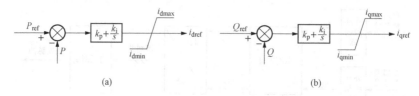

（a）　　　　　　　　　　　　　　　（b）

图 2 - 14　定有功功率和定无功功率控制器

（a）定有功功率控制器；（b）定无功功率控制器

采用定直流电压控制是为了使 MMC - HVDC 系统有功功率平衡并保持直流侧电压恒定。若两端换流站的功率不均衡时，会导致直流侧电压不稳定，子模块电容进行充电和放电，直到直流侧电压恢复至参考值。定直流电压控制输出 i_{dref}，控制器如图 2 - 15 所示。

在 MMC - HVDC 系统中，当一端换流站连接的是无源网络时，则必须采用定交流电压控制，使交流母线电压稳定。设计的定交流电压控制器如图 2 - 16 所示。

图 2 - 15　定直流电压控制器　　　　　图 2 - 16　定交流电压控制器

2.5.4　模型预测控制策略

上节详细分析了 MMC - HVDC 系统的直接电流控制原理，得知其具有很好的解耦特性和动态响应特性。然而在实际 MMC - HVDC 系统中要求输出波形品质高，通常 MMC 电平数较多，但该控制过程不仅需要经过两次坐标变换，而且 d、q 轴包括四个 PI 环节，使得复杂程度及计算量也将增大。

针对直接电流控制存在的缺陷，还有 MMC 普遍存在的电容均压及环流抑制等问题，本节将介绍一种新型的模型预测控制（Model Predictive Control，MPC）策略。根据 MMC - HVDC 系统的离散时间数学模型，开发对应于离散时间模型的预测模型，利用它的目标函数最优化技术，并使用预测模型选择每个 MMC 单元中最佳开关状态，来抑制循环电流，并通过冗余开关状态使电容电压均衡，实现过程容易且简单。

1. MMC - HVDC 系统模型预测控制

模型预测控制（MPC）是一类特殊的控制，具有动态响应速度快，鲁棒性更强，对系统中未建模的非线性和不确定参数有一定的适应性等优点，其本质是在每一个采样瞬间通过求解一个有限时域开环最优控制问题[14-16]。图 2 - 17 为 MMC - HVDC 系统的单线示意图，在前文所述的 MMC 运行特性及数学模型基础上，提出一种新型的 MPC 控制策略，控制交流侧电流，同时调节子模块的电容电压平衡，并抑制循环电流。其具体的实现过程如下：首先为 MMC 的变量正向预测离散时间模型；然后定义与控制目标相关的目标函数；最后为换流器所有可能的开关状态，选择最好的开关状态来评估定义的目标函数，结果得到在所定义的目标函数的最小值。

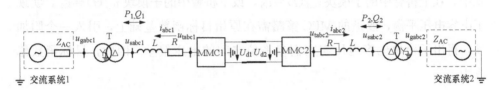

图 2 - 17　MMC - HVDC 系统的单线示意图

（1）交流侧电流控制。电流控制的目的是调节 MMC 交流侧电流跟踪参考值，使其一致。假设系统采样周期为 T_s，用欧拉近似公式推导出的电流倒数作为 MMC 交流侧电流的预测模型如下

$$i_j(t + T_s) = \frac{1}{K'}\left[\frac{u_{Nj}(t + T_s) - u_{Pj}(t + T_s)}{2} - u_{sj}(t + T_s) + \frac{L'}{T_s}i_j(t)\right]$$

$$(2 - 32)$$

$$L' = L + l/2, \quad K' = R + L'/T_s$$

式中：$i_j(t + T_s)$ 和 $i_j(t)$ 分别为交流侧电流的预测值和实际测定值；$u_{sj}(t + T_s)$ 为变压器低压侧电网电压的预测值，假设 T_s 足够小时，可近似为测定值 $u_{sj}(t)$；$u_{Pj}(t + T_s)$、$u_{Nj}(t + T_s)$ 分别为上、下桥臂电压的预测值，它的值可通过增加一步向前预测上桥臂和下桥臂投入子模块的电容电压来获得。

为了减小预测电流和参考电流之间的误差，定义与电流误差有关的目标函数为

$$J_j = |\, i_{jref}(t + T_s) - i_j(t + T_s)\, | \qquad (2 - 33)$$

式中：i_{jref} 为参考电流，是根据系统预先设定传递到交流系统的有功和无功功率

获得的，j＝a、b、c。

在理想情况下，如果交流侧电流跟踪参考值，目标函数 J_j 达到最小值零，这种情况被认为是交流侧电流控制的理想状态。在每个采样期间，J_j 为 MMC 所有可能的开关状态计算并评估，从而得到式（2-33）的最小值，作为下一个开关周期最佳的开关状态。

（2）电容电压平衡。根据式（2-18），SM 电容电压的下一个预测值 $u_{Cij}(t+T_s)$ 的计算方法为

$$\begin{cases} u_{Cij}(t+T_s) = u_{Cij}(t) + \dfrac{i_{Cij}(t)}{C}T_s, \text{SM 开启} \\ u_{Cij}(t+T_s) = u_{Cij}(t), \text{SM 关闭} \end{cases} \quad (2-34)$$

式中，在上桥臂中的子模块 $i_{Cij}(t)=i_{Pj}$，或下桥臂中的子模块 $i_{Cij}(t)=i_{Nj}$，实现了电容电压平衡，改进的 MPC 策略需在原始目标函数基础上，引入一个附加项，得出子模块电容电压与它们参考值之间的电压偏差。因此，目标函数修改为

$$J_j' = J_j + \lambda_c \left[\sum \left| u_{Cij}(t+T_s) - \frac{U_{dc}}{n} \right| \right] \quad (2-35)$$

式中：λ_c 为一个加权因子，它的调整是基于分配给电容电压偏差的成本贡献。

（3）循环电流控制。基于式（2-16），推导出循环电流的离散时间预测模型如下

$$i_{zj}(t+T_s) = \frac{T_s}{2l}[U_{dc} - u_{Nj}(t+T_s) - u_{Pj}(t+T_s)] + i_{zj}(t) \quad (2-36)$$

改进的 MPC 策略目的是通过添加第三项来抑制循环电流，与循环电流相关的目标函数如下

$$J_j'' = J_j + \lambda_C \left[\sum \left| u_{cij}(t+T_s) - \frac{U_{dc}}{n} \right| \right] + \lambda_z |i_{zj}(t+T_s)| \quad (2-37)$$

式中：λ_z 为一个加权因子，它的调整是基于分配给循环电流的成本贡献。

在一个 $(n+1)$ 电平 MMC 中，总共有 $n=C_{2n}^n$ 个可能的开关状态。MPC 策略根据 $\text{MMC}k(k=1,2)$ 中 j 相所有可能的开关状态来评估目标函数 J_{jk}''，选择合适的开关状态使 J_{jk}'' 到达最小值，此状态就作为最佳的开关状态。图 2-18 为 MMC-HVDC 系统中每个 MMC 单元的 MPC 策略的具体实现过程。在每个采样周期 T_s，跟踪参考电流，实现 SM 电容电压平衡，并抑制循环电流。

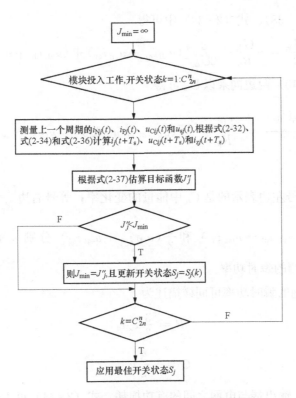

图 2 - 18　MMCk 中每相 MPC 策略框图

$S_j(k)$—开关函数，取 0 或 1；j＝a、b、c

2. MMC - HVDC 系统直流侧控制

MMC - HVDC 控制系统主要目的在于根据预先设定的传递到交流系统的有功和无功功率，产生 MMC 单元中模型预测控制的参考电流，且调节直流母线电压在其额定值。直流侧电压的动态特性可描述为

$$C_{eq}\frac{dU_{dc}}{dt}=-\frac{1}{R_p}U_{dc}-(i_{dc1}+i_{dc2}) \tag{2-38}$$

式中：$C_{eq}＝6C/n$，为两个 MMC 单元的等效电容；i_{dc1} 和 i_{dc2} 分别为换流站 1、2 中的直流电流。

根据系统的功率平衡方程，在 dq 旋转坐标下推导出

$$U_{dc}i_{dc}=\frac{3}{2}(u_{td}i_d+u_{tq}i_q) \tag{2-39}$$

式中：u_{td} 和 u_{tq} 分别为 MMC 在两相同步 dq 坐标系下 d、q 轴上的输出电压；i_d 和 i_q 分别为 MMC 在 dq 坐标系下的电流。

根据式（2-38）、式（2-39）中可得

$$C_{eq}\frac{dU_{dc}}{dt} = -\frac{U_{dc}}{R_p} - \frac{3}{2U_{dc}}\left[(u_{td1}i_{d1} + u_{tq1}i_{q1}) + (u_{td2}i_{d2} + u_{tq2}i_{q2})\right] \quad (2-40)$$

将式（2-40）两边同乘以 U_{dc} 可得

$$\frac{d\left(\frac{1}{2}C_{eq}U_{dc}^2\right)}{dt} = -\frac{U_{dc}^2}{R_p} - \frac{3}{2}\left[(u_{td1}i_{d1} + u_{tq1}i_{q1}) + (u_{td2}i_{d2} + u_{tq2}i_{q2})\right]$$

$$(2-41)$$

式（2-41）等号左边表示的是 C_{eq} 中能量的变化率；等号右边 $\dfrac{U_{dc}^2}{R_p}$ 表示换流站的

开关损耗，$\dfrac{3}{2}(u_{td1}i_{d1} + u_{tq1}i_{q1})$ 和 $\dfrac{3}{2}(u_{td2}i_{d2} + u_{tq2}i_{q2})$ 分别表示的 MMC1 和

MMC2 交流网侧的瞬时功率。

交流电网侧的瞬时功率可同样描述为

$$P = \frac{3}{2}u_{sd}i_d \quad (2-42)$$

$$Q = -\frac{3}{2}u_{sd}i_q \quad (2-43)$$

忽略 MMC 输出端与电网之间的有功损耗，式（2-41）可表达为

$$\frac{d\left(\frac{1}{2}C_{eq}U_{dc}^2\right)}{dt} = -\frac{U_{dc}^2}{R_p} - \frac{3}{2}(u_{sd1}i_{d1} + u_{sd2}i_{d2}) \quad (2-44)$$

假设 $u_{sd} = u_{sd1} = u_{sd2}$，式（2-44）被简化为

$$\frac{d\left(\frac{1}{2}C_{eq}U_{dc}^2\right)}{dt} = -\frac{U_{dc}^2}{R_p} - \frac{3}{2}u_{sd}(i_{d1} + i_{d2}) \quad (2-45)$$

定义两个 MMC 的 d 轴参考电流 i_{dref1} 和 i_{dref2} 如下

$$i_{dref1} = -i_{Pref1} + i_{dcref} \quad (2-46)$$

$$i_{dref2} = i_{Pref2} + i_{dcref} \quad (2-47)$$

式中：i_{Pref1}、i_{Pref2} 分别为交流系统 1 与交流系统 2 预先设定的有功功率对应的电流；I_{dcref} 为调节直流母线电压的一个小的电流分量。

稳态时，实际 d 轴电流跟随其参考值，得

$$i_{d1} = i_{dref1} \quad (2-48)$$

$$i_{d2} = i_{dref2} \quad (2-49)$$

将式（2-48）、式（2-49）代入式（2-45），整理后可得

$$\frac{dU_{dc}^2}{dt} + \frac{2}{R_p C_{eq}} U_{dc}^2 = -\frac{6u_{sd}}{C_{eq}} i_{dcref} \qquad (2-50)$$

式（2-50）描述了 MMC-HVDC 直流母线电压的动态。其中，U_{dc}^2 为输出信号，i_{dcref} 为控制信号。在拉普拉斯域中，式（2-50）可被写为

$$U_{dc}^2(s) = -\frac{3R_p u_{sd}}{R_p C_{eq}s + 2} i_{dcref}(s) \qquad (2-51)$$

i_{dcref} 可以由一个用于零稳态误差的比例积分（PI）控制器来确定。因此，直流母线电压控制器为

$$i_{dcref}(s) = \left(k_p + \frac{k_i}{s}\right) e_v(s) \qquad (2-52)$$

$$e_v = U_{dcref}^2 - U_{dc}^2$$

其中 PI 控制器中 k_p、k_i 可以通过线性系统的方法如根轨迹、波特图来获得合适的参数，以达到满意的性能。

2.5.5　仿真分析

为了验证在 MMC-HVDC 系统中新型模型预测控制策略的有效性和可行性，利用 Matlab/Simulink 软件对三相 MMC 模型进行仿真验证，采用 MMC 单元精确开关模型，主电路结构如图 2-17 所示。本节选定每相桥臂级联的功率单元数为 4，系统参数如下：①MMC 系统参数为 $S_N = 50\text{MVA}$，额定频率 $f_1 = f_2 = 50\text{Hz}$，子模块电容 $C = 3200\mu\text{F}$，直流侧电压 $U_{dc} = 60\text{kV}$，桥臂串联电抗 $l = 3\text{mH}$；②交流系统参数为交流系统额定电压 $U_N = 138\text{kV}$，线路阻抗参数 $R = 0.03\,\Omega$、$L = 5\text{mH}$，换流变压器 YNd 接法，变压器额定功率为 55MVA，漏抗标幺值 $X_T = 0.05$，两侧交流系统短路比为 5；③直流线路参数为直流线路电阻 $R_P = 3.5\text{k}\Omega$，采样周期 $T_s = 100\mu\text{s}$。本节选定的 PI 控制器参数为 $k_p = -1.36 \times 10^{-6}$，$k_i = -1.52 \times 10^{-7}$。

最初，MMC-HVDC 系统处于稳定状态，40MW 的电能从交流系统 1 流向交流系统 2。$U_{dcref} = 60\text{kV}$，所有的 MMC 单元运行在单位功率因数条件下，模型预测控制的循环电流抑制功能在初始状态是禁用的［即式（2-37）中的系数 $\lambda_z = 0$］。在 0.1s 和 0.4s 时，开启 MMC 单元的循环电流抑制功能（系数 $\lambda_z = 2$）。以 MMC1 为例，其仿真结果如图 2-19 所示。

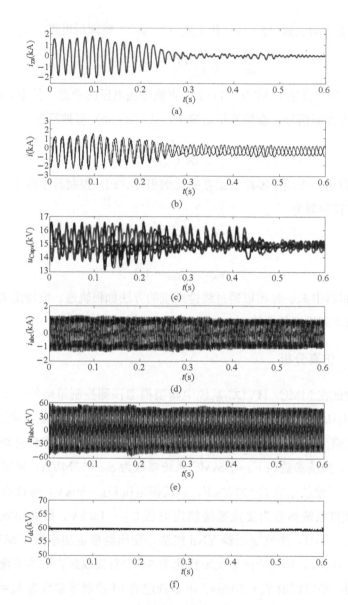

图 2-19　模型预测控制策略的仿真波形

（a）循环电流；（b）上、下桥臂电流；（c）电容电压；（d）交流输出相电流；

（e）交流输出线电压；（f）直流侧电压

　　环流中包含一定的直流分量和低次谐波分量，而 MMC 环流中的低频交流分量直接影响到桥臂电流中也含有一定的低频脉动，造成桥臂电流的峰值增大，这无疑增加了开关器件的额定容量，增大了换流器的损耗。在 0.1s 开启模型预测控制的环流抑制功能之后，环流和上下桥臂的电流显著减小，抑制效果明显，如图 2-19（a）、（b）所示。

图 2-19（c）显示了 MMC 设置在参考值（$U_{dc}/4$）时其子模块的电容电压，验证了所提出的模型预测控制策略对维持子模块电容电压在其额定值的有效性。从电容电压波形可以看出，子模块的电容电压纹波在 0.1s 后显著的减少，这是由于抑制了环流的原因。

图 2-19（d）、（e）分别为 MMC 的交流输出相电流波形和交流输出线电压波形，0.1s 时由于环流的影响，子模块的电容电压纹波增加，导致交流侧电压和电流波形失真。在 0.4s 开启模型预测控制功能后，改善了交流侧电压和电流的波形质量，得到理想的波形。如图 2-19（f）所示，直流侧电压维持在额定值 60kV。

仿真结果验证了所提出的模型预测控制策略抑制 MMC 单元的环流有效性，并实现 MMC 单元的电容电压平衡，实现过程容易且简单，适用于 MMC-HVDC 系统。同时也反映了环流和电容电压不平衡对 MMC 单元运行有不利影响，突出了环流抑制和电容电压平衡的重要性。

本章参考文献

[1] Clinka M, Marquardt R. A new AC/ AC-multilevel converter family applied to a single-phase converter [C]. The Fifth International Conference on Power Electronics and Drive Systems, 2003.

[2] 蔡洁. 模块化多电平柔性直流输电交流侧故障穿越与控制策略研究 [D]. 长沙理工大学, 2018.

[3] 蔡洁, 夏向阳, 李明德, 高压直流输电模块化多电平换流器拓扑研究 [J]. 电力科学与技术学报 2018, 33（1）: 0054-0059.

[4] Domn J, Huang H, et al. A new Multilevel Voltage-Sourced. Converter Topology for HVDC Applications [C]. Proceedings of CICRE Conference, Paris, France, 2008.

[5] Gemmell B, Dorn J, Retzmann D, et al. Prospects of Multilevel VSC Technologies for Power Transmission [C]. IEEE T&D Conference and Exposition, Chicago, USA, 2008.

[6] 潘伟勇. 模块化多电平直流输电系统控制和保护策略研究 [D]. 杭州: 浙江大学, 2012.

[7] 王卫安, 桂卫华, 马雅青, 等. 向无源网络供电的模块化多电平换流器型高压直流输电

系统控制器设计 [J]．高电压技术，2012，38（3）：751-761.

[8] 孙浩，杨晓峰，支刚，等．CPS-SPWM 在模块组合多电平变换器中的应用 [J]．北京交通大学学报，2011，35（5）：131-135.

[9] 王金玉．基于 MMC 的柔性直流输电稳态分析方法及控制策略研究 [D]．山东大学，2017.

[10] 孙世贤，田杰．适合 MMC 型直流输电的灵活逼近调制策略 [J]．中国电机工程学报，2012，32（28）：62-67+18.

[11] 夏向阳，邱欣，曾小勇．混合型模块化多电平换流器的改进载波移相控制策略 [J]．中南大学学报（自然科学版）2018，49（11）：2886-2893.

[12] 李经野．MMC-HVDC 系统直流侧启动运行特性及故障自清除研究 [D]．长沙理工大学，2018.

[13] 周云．应用于柔性直流输电系统的模块化多电平换流器的研究 [D]．长沙理工大学，2015.

[14] 夏向阳，周云，帅智康．高压直流输电系统中模块化多电平换流器的重复预测控制 [J]．中国电机工程学报，2015，35（07）：1637-1643.

[15] 梁营玉，张涛，刘建政，等．模型预测控制在 MMC-HVDC 中的应用 [J]．电工技术学报，2016，31（01）：128-138.

第3章
模块化多电平换流器子模块拓扑结构

与传统多电平变换器相比，MMC 不仅继承了传统多电平变换器拓扑的结构和输出特性优势，而且在系统不对称运行、故障保护等方面具有显著的技术优势，已经成为柔性直流输电系统换流站的首选拓扑[1-2]。已开展的关于 MMC 的研究主要是选取半桥型子模块拓扑为对象，就其工作原理、调制及故障保护技术展开研究，并取得了一系列成果[3-4]。

按照子模块结构的不同，可将 MMC 的子模块分为基本桥式子模块、直接串联的子模块、钳位双子模块和混合型子模块等[5]。

本章在介绍 MMC 的基本拓扑和工作原理的基础上，对 MMC 的拓扑结构进行相应的介绍，将对现阶段提出的一系列改造和变形的子模块拓扑结构进行相应的介绍[6]。并分别详细研究 MMC 优化拓扑结构及其直流故障隔离和电流阻断机理，对比分析子模块优化拓扑的各项参数和功能实现的优缺点。

3.1 半桥型子模块拓扑

作为构成 MMC 基本功率单元的子模块，对 MMC 的输出特性具有直接影响。因此自 MMC 首次提出后，专家学者对 MMC 的子模块拓扑进行了广泛的研究，应用较为广泛的拓扑结构一般为半桥子模块（Half - Bridge Sub - Module，HBSM)[7-8]。

半桥子模块是最常用的 MMC 拓扑，目前已投入运行的直流输电工程（Trans Bay Cable 工程、上海南汇示范工程、广东南澳三端柔性直流输电工程等）都是采用的基于半桥型子模块的 MMC 技术。

半桥子模块是所需器件最少、损耗最小、输出谐波含量低、扩展性好、可靠性较高的一种拓扑结构，但基于半桥子模块的标准模块化多电平换流器不具备清除直流故障电流的能力。当半桥型 MMC - HVDC 系统发生直流侧故障时，尽管所有 IGBT 均可以闭锁，但是与 IGBT 反并联的续流二极管为故障电流构成通路，故障电流不能被阻断，只能通过开断直流断路器或开断与换流器相连接的交流断路器来隔离直流故障[9-10]。采用依赖于交流或直流断路器来隔离直流故障的方案也存在一些问题，比如换流器必须承受高故障电流且易损坏；系统（尤其是多端系统）需要相当长的时间来恢复供电，影响了系统的正常安全运行[11]。文献［12］提出采用晶闸管反并联到子模块端来绕过故障电流并保护续流二极管，但这种方法不隔离直流故障，而且不能达到附加设备所需要的快速隔离故障的目的。基于以上原因，许多 MMC - HVDC 工程只能采用直流电缆来减少直流故障发生的次数，但其造价昂贵，不够经济。同时，由于目前直流断路器的制造工艺不是很成熟，现有的多端柔性直流工程为了尽可能地降低直流故障率，而对直流电缆的可靠性要求极高[8]，所以在一定程度上限制了其向多端直流输电领域的发展及应用。

子模块 SM 中各物理量的参考方向见表 3-1。其中，u_C 为直流电容 C 的电压，i_{SM} 为流入子模块的电流，u_{SM} 为子模块两端的电压，每个 SM 均有一个连接端口用于串联接入主电路拓扑。根据桥臂 IGBT 的通断和 i_{SM} 的流向可将 SM 工作状态分为三种，即投入、切除、闭锁状态[1-6]，见表 3-1。

表 3-1   半桥子模块的三种工作状态

状态	模式 1	模式 2
投入状态 （VT1 导通、VT2 关断）		
切除状态 （VT1 关断、VT2 导通）		

续表

状态	模式 1	模式 2
闭锁状态 （VT1、VT2 均关断）	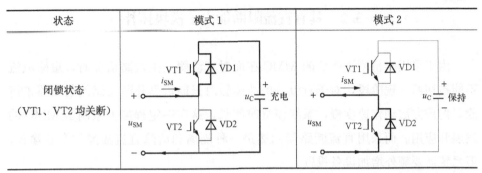	

当 VT1 导通，VT2 关断时，SM 处于投入状态，电容被串联接入到桥臂中，正向电流经过 VD1 对电容充电或反向电流通过 VT1 使电容放电，SM 输出电压均为 u_C；当 VT1 关断，VT2 导通时，SM 处于切除状态，电流流过 VT2 或 VD2 使得子模块电容旁路，SM 输出电压为零；当 VT1、VT2 都加关断信号时，SM 处于闭锁状态，正向电流通过 VD1 对电容充电则 SM 输出电压为 u_C，或电流通过 VD2 将电容旁路则 SM 输出电压为零，所以电容会一直充电，不会放电，一般 MMC 正常工作时不会出现此情况，多用于 MMC 在启动时向子模块预充电，或者故障时旁路子模块。

半桥子模块工作状态见表 3-2，其中开关状态"1"对应导通状态，"0"对应关断状态。由此可见，在正常工作情况下，通过对各 SM 上、下桥臂 IGBT 进行开通和关断，就能够使 SM 的输出电压值为 u_C 或者 0，从而调节桥臂输出的电平数。

表 3-2　　　　　　　　　　　半桥子模块的工作状态

状态	桥臂电流 i_{SM}	VT1	VT2	子模块输出电压 u_{SM}
投入	>0	1	0	u_C
	<0	1	0	u_C
切除	>0	0	1	0
	<0	0	1	0
闭锁	>0	0	0	u_C
	<0	0	0	0

3.2　具有直流阻断能力子模块拓扑

由于采用半桥型子模块的 MMC 在面对直流侧发生短路情况时，短路电流不能被切断。现阶段，对于直流侧的故障暂时只能依靠开断交流侧断路器来清除，但该方法动作速度慢，系统恢复时间长，这在一定程度上限制了 MMC 的发展和应用。而采用直流断路器固然是一种隔离和清除直流故障的有效途径，但系统需要额外增加设备投资。

因此，可考虑采用具备直流侧故障电流阻断能力的 MMC 拓扑结构来实现直流侧故障电流的阻断[11]。该方法处理故障电流快速，实现手段灵活，既能节省直流电网的总体设备投资，又能增加换流器及直流电网运行及控制保护的灵活性。

3.2.1　全桥子模块拓扑

四个开关器件 IGBT（VT1～VT4）和四个反并联二极管（VD1～VD4）构

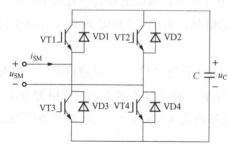

成全桥子模块，其拓扑结构如图 3-1 所示。图中，C 为直流电容，u_C 为电容电压，u_{SM} 为子模块两端输出电压，i_{SM} 为流入子模块的电流，参考方向如图所示。

根据全桥子模块中 IGBT（VT1～VT4）的不同开关状态和电流 i_{SM} 的方

图 3-1　全桥子模块拓扑结构图

向，将子模块的工作状态分为以下四种状态，见表 3-3。

表 3-3　全桥子模块的工作状态

状态	模式 1	模式 2
状态 1 （VT1、VT4 导通， VT2、VT3 关断）		

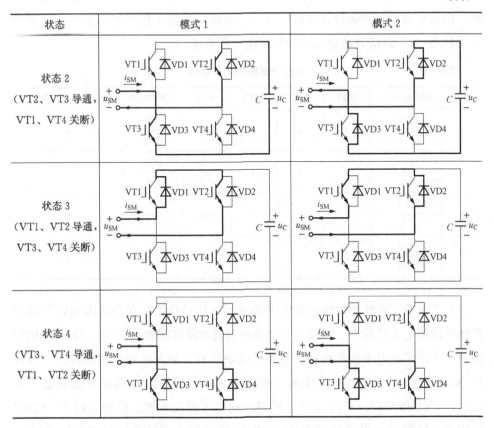

状态	模式 1	模式 2
状态 2 (VT2、VT3 导通, VT1、VT4 关断)		
状态 3 (VT1、VT2 导通, VT3、VT4 关断)		
状态 4 (VT3、VT4 导通, VT1、VT2 关断)		

状态 1：VT1、VT4 导通，VT2、VT3 关断，电流经 VD1、VD4 向直流电容 C 充电（$i_{SM}>0$）或者经 VT1、VT4 使直流电容 C 放电（$i_{SM}<0$），子模块输出电压 u_{SM} 为电容电压 u_C。

状态 2：VT2、VT3 导通，VT1、VT4 关断，电流经 VT2、VT3 使电容放电（$i_{SM}>0$）或者经 VD2、VD3 向电容充电，子模块输出电压 u_{SM} 为电容电压 $-u_C$。

状态 3：VT1、VT2 导通，VT3、VT4 关断，电流经 VD1、VT2（$i_{SM}>0$）或者经 VT1、VD2（$i_{SM}<0$）将电容旁路，子模块输出电压为零。

状态 4：电流经 VT3、VD4（$i_{SM}>0$）或者经 VD3、VT4（$i_{SM}<0$）将电容旁路，则输出电压为零。

由此可见，在正常运行情况下，通过控制全桥子模块开关器件的通断，就能够输出$+u_C$、0和$-u_C$三种电平，与半桥子模块相比，多出了负电平输出功能，因此全桥子模块运行方式更加灵活。全桥子模块工作状态见表 3 - 4，其中开关状态"1"对应导通状态，"0"对应关断状态。

表 3 - 4   全桥子模块的工作状态

状态	桥臂电流 i_{SM}	VT1	VT2	VT3	VT4	电容充放电	子模块输出电压 u_{SM}
1	>0	1	0	0	1	充电	u_C
	<0					放电	
2	>0	0	1	1	0	放电	$-u_C$
	<0					充电	
3	>0	1	1	0	0	—	0
	<0					—	
4	>0	0	0	1	1	—	0
	<0					—	

基于全桥子模块的模块化多电平换流器（F - MMC）在全站闭锁后可以切断桥臂故障电流的特性，因此具有很强的直流故障穿越能力[12-13]，与 H - MMC 相比，多出了负电平输出功能，全桥子模块具有更加灵活和优越的特性。结合 F - MMC 的开关状态可知，全桥子模块输出零电压时对应两组开关状态，在 VT1、VT2 和 VT3、VT4 交替导通时，均匀了开关损耗。但稳态时 F - MMC 所需的全控型开关器件数量为 H - MMC 的两倍，不仅增加了高电压大功率 MMC - HVDC 系统的成本，而且还导致较高的功率损耗。

3.2.2 钳位双子模块拓扑

钳位双子模块拓扑结构如图 3 - 2 所示，CDSM 是由两个等效半桥单元 sub1、sub2，钳位二极管 VD6、VD7 和反并联二极管 VD5 的 IGBT（VT5）串并联组成[13]。其中，VT1～VT5 为 IGBT，VD1～VD7 为二极管，C_1、C_2 为直流电容，i_{SM} 为桥臂电流，u_C 为电容电压，u_{SM} 为子模块输出电压，参考方向如图 3 - 2 所示。

同样根据钳位双子模块中 IGBT（VT1～VT5）的不同开关状态和电流 i_{SM} 的方向，将子模块分为两种工作模式，即正常模式和闭锁模式。限于篇幅，此处正常模式只画出（$i_{SM}>0$）时的拓扑图，对应的工作状态见表 3 - 5。

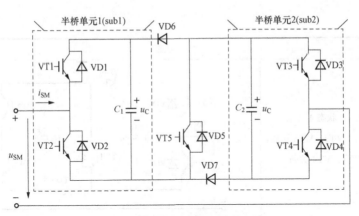

图 3 - 2　钳位双子模块拓扑结构图

表 3 - 5　　　　　　　　　　　　钳位双子模块的工作状态

模式	状态	
正常模式	状态 1 (VT1、VT4、VT5 导通， VT2、VT3 关断)	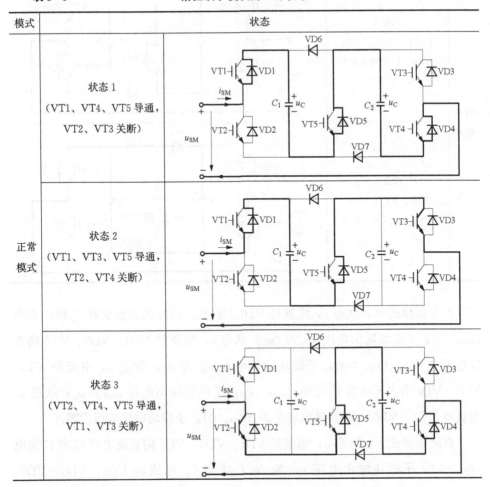
	状态 2 (VT1、VT3、VT5 导通， VT2、VT4 关断)	
	状态 3 (VT2、VT4、VT5 导通， VT1、VT3 关断)	

模式	状态	
正常 模式	状态 4 (VT2、VT3、VT5 导通, VT1、VT4 关断)	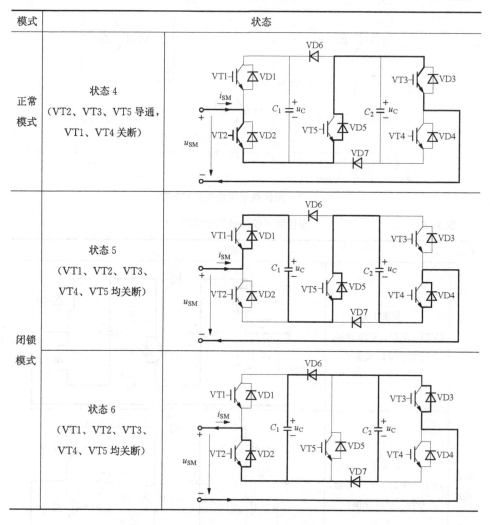
闭锁 模式	状态 5 (VT1、VT2、VT3、 VT4、VT5 均关断)	
	状态 6 (VT1、VT2、VT3、 VT4、VT5 均关断)	

在正常模式下,状态 1,电流经 VD1、VD5、VD4 向直流电容 C_1 和 C_2 充电 ($i_{SM} > 0$),子模块输出电压 u_{SM} 为 $2u_C$;状态 2,电流经 VD1、VD5、VT3 向直流电容 C_1 充电 ($i_{SM} > 0$),子模块输出电压 u_{SM} 为 u_C;状态 3,电流经 VT2、VD5、VD4 向直流电容 C_2 充电 ($i_{SM} > 0$),子模块输出电压 u_{SM} 为 u_C;状态 4,电流经 VT2、VD5、VT3 将电容旁路 ($i_{SM} > 0$),子模块输出电压为零。

在闭锁模式下,状态 5,电流经 VD1、VD5、VD4 向直流电容 C_1 和 C_2 充电 ($i_{SM} > 0$),子模块输出电压 u_{SM} 为 $2u_C$;状态 6,电流经 VD3、VD6、VD7、

VD2 向直流电容 C_1 和 C_2 充电（$i_{SM} < 0$），子模块输出电压 u_{SM} 为 $-u_C$。

由此可见，在正常运行情况下，开关器件 IGBT（VT5）一直处在导通状态，VD6、VD7 路径上无电流，单个 CDSM 等效为两个级联的半桥子模块。因此，通过控制钳位双子模块 IGBT 的通断，可以灵活实现子模块的不同状态，使子模块输出电压 u_{SM} 为直流电容电压的 $-u_C$、0、u_C 以及 $2u_C$，钳位双子模块工作组状见表 3-6，其中 1 表示导通，0 表示关断，u_{sub1}、u_{sub2} 表示等效半桥单元的输出电压。

表 3-6　　　　　　　　　　钳位双子模块的工作状态

模式	状态	VT1	VT2	VT3	VT4	VT5	u_{sub1}	u_{sub2}	u_{SM}	i_{SM}
正常模式	状态 1	1	0	0	1	1	u_C	u_C	$2u_C$	—
	状态 2	1	0	1	0	1	u_C	0	u_C	—
	状态 3	0	1	0	1	1	0	u_C	u_C	—
	状态 4	0	1	1	0	1	0	0	0	—
闭锁模式	状态 5	0	0	0	0	0	u_C	u_C	$2u_C$	>0
	状态 6	0	0	0	0	0	$-u_C$	$-u_C$	$-u_C$	<0

与 H-MMC 相比，C-MMC 的优势在于，模块所增加的器件和损耗均不大，且能实现直流故障快速自清除。C-MMC 的原理是在发生直流故障时，其模块电容在故障回路所构成的电压很大，由于二极管具有单向导通的特点可阻断故障电流[9]；其不足之处是由于每个子模块中均有两个电容，子模块结构复杂，这不仅使系统的控制变得复杂，子模块的制造工艺难度增加，还降低了系统的可靠性。

3.2.3　串联双子模块拓扑

在不改变传统 MMC 中子模块间串联连接方式的前提下，对其半桥结构进行了改进，拓扑电路如图 3-3 所示。

正常运行时，两个子模块间为串联连接方式，两个子模块 SM1 和 SM2 具有各自独立的工作状态，VT5 保持开通状态，当 VT1 和 VT3 开通，VT2 和 VT4 关断，此时输出 C_1 的电容电压；VT2 和 VT4 开通，VT1 和 VT3 关断，此时输出 C_2 的电容电压；VT2 和 VT3 开通，VT1 和 VT4 关断，此时模块的输出为零，即被旁路；VT1 和 VT4 开通，VT2 和 VT3 关断，此时模块输出为

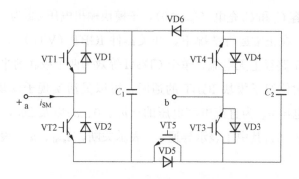

图 3-3　串联双子模块拓扑

两个电容电压之和；VT1~VT5 均闭锁时，此时两个模块电容之间串联，桥臂电流对模块电容进行充电。表 3-7 为串联双子模块拓扑的开关状态表，其中"1"表示导通，"0"表示关断。当直流侧出现故障时，所有 IGBT 都关断，从表 3-7 可以看出此时无论桥臂电流是正向流动还是反向流动，都能够保证两个电容之间是串联的关系，且总是处于充电的状态，从而加快故障电流的消除[14]。同时由于直流电流的闭锁能力，不再需要传统半桥中的保护晶闸管。相比于双钳位型子模块拓扑，串联双子模块拓扑减少了二极管的数目，避免了器件过多的问题。

表 3-7　　　　　　　　串联双子模块拓扑工作状态

运行状态	VT1	VT2	VT3	VT4	VT5	i_{SM}	U_{SM}	模块拓扑工作状态
正常运行	1	0	1	0	1	—	u_C	单投单切
	0	1	0	1	1	—	u_C	单投单切
	0	1	1	0	1	—	0	双切除
	1	0	0	1	1	—	$2u_C$	双投入
故障	0	0	0	0	0	>0	$2u_C$	闭锁
	0	0	0	0	0	<0	$2u_C$	闭锁

3.3　混合型模块化多电平换流器

采用单一子模块的 MMC 拓扑是目前该领域拓扑研究的主流，但实际工程中兼顾系统可靠性、主路设计和控制系统复杂性，不同子模块混合级联的方案将是一种有效的折中解决方案，该类拓扑称之为子模块混合型模块化多电平换流器（HMMC）[15-16]。具有故障电流阻断能力的子模块拓扑和直接开关构成的混合型 MMC 也是一种具有应用前景的拓扑，本节将先梳理混合型模块化多电平换流器拓扑结构的研究现状，并进行性能分析。

3.3.1 混合型模块化多电平换流器拓扑结构

H-MMC 是常用的一种拓扑结构，但它不具备清除直流故障电流这一致命的弱点。F-MMC 同 H-MMC 相比，虽然所需的开关器件数量近乎为 H-MMC 的两倍，增加了额外的运行损耗。但其具有更加灵活和优越的特性，如直流故障穿越能力，能够输出正、负、零三种电平，直流电压和电流双向运行能力等，尤其是高电压大功率的场合，如果能够充分利用 F-MMC 的负电平状态功能，就能延长输出电压范围，从而提高换流器传输功率能力。

在全桥子模块和半桥子模块的基础上，组合成一种混合型模块化多电平换流器，它是由全桥子模块（FBSM）和半桥子模块（HBSM）共同组成 MMC 的上、下桥臂。与 F-MMC 相比，该混合型 MMC 拓扑不仅具有相同的直流故障电流阻断能力，而且还减少了电力电子器件的使用数量，具有较低的功率损耗，在一定程度上降低了传统 F-MMC 因成本所带来的负面效应，具有较好的应用前景。

混合型 MMC 子模块拓扑结构如图 3-4 所示。以 a 相为例，每相上下桥臂均有 n 个子模块，各桥臂均包括 f 个 FBSM 和 $n-f$ 个 HBSM，分别记为 SM F(1)～SM F(f)和 SM H(1)～SM H$(n-f)$。U_{dc} 为直流母线电压，l 为桥臂电感，C 为子模块电容，u_C 为子模块电容电压，u_{Pa}、u_{Na} 为上、下桥臂中所有子模块构成的总电压，i_{Pa}、i_{Na} 为相应桥臂电流，i_a 为交流侧相电流。

假设每相桥臂子模块总数为 n 个（包括 f 个 FBSM 和 $n-f$ 个 HBSM），且每个子模块电容电压维持对称在 u_C，当 FBSM 常规运行不使用负电平状态功能时，产生的总桥臂电压范围为 0～nu_C。因此，考虑最大电压调制比 $k=1$ 时，直流电压 U_{dc} 和交流相电压峰值 $U_{an\text{-}peak}$ 分别为

$$U_{dc} = nu_C \tag{3-1}$$

$$U_{an\text{-}peak} = \frac{1}{2}nu_C = \frac{1}{2}U_{dc} \tag{3-2}$$

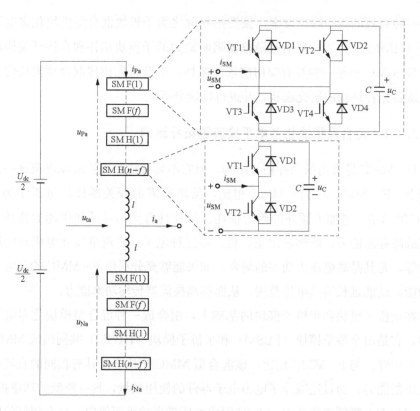

图 3-4 半桥型子模块和全桥子模块混合模块化多电平换流器拓扑结构

如果在混合型 MMC 的每桥臂中允许 $m(m<f)$ 个 FBSM 产生 $-u_C$，总桥臂电压范围将扩大为 $-mu_C \sim nu_C$，则直流电压和交流相电压峰值分别为

$$U_{dc} = (n-m)u_C \qquad (3-3)$$

$$U_{an\text{-}peak} = \frac{1}{2}(n+m)u_C = \frac{1}{2}U_{dc} + \frac{mU_{dc}}{n-m} \qquad (3-4)$$

由式（3-4）可知，交流相电压峰值可通过 FBSM 的负电平输出功能来拓展。

混合型 MMC 的设计同样也需要考虑两大关键技术：子模块电容电压均衡和直流故障电流阻断能力。下面将详细对这两种关键技术进行分析，从而得到混合型 MMC 基本参数的选取原则。

3.3.2 性能评估与仿真分析

由于混合型 MMC 拓扑的基本构建模块与传统 H-MMC 和 F-MMC 相同，

则混合型 MMC 的可靠性类似于 H - MMC 和 F - MMC。表 3-8 为不同子模块所需的元器件数量对比表。由表可知，H - MMC 每桥臂包括 $4n$ 个 IGBT 和 $4n$ 个二极管，提供相同的功率 F - MMC 所需的 IGBT 和二极管数量为 H - MMC 的两倍（即 $8n$）。对于混合型 MMC：①当 $m=0$，$f=\frac{1}{2}n$ 时，所需的 IGBT 和二极管数量为 $6n$；②当 $m=\frac{1}{3}n$，$f=\frac{2}{3}n$ 时，所需的 IGBT 和二极管数量为 $5n$，只比 H - MMC 增加 25%。

表 3-8　　　　　　　　　　采用不同子模块的 MMC 对比表

对比项	H - MMC	F - MMC	混合型 MMC	
			$m=0$，$f=\frac{1}{2}n$	$m=\frac{1}{3}n$，$f=\frac{2}{3}n$
直流母线电压	U_{dc}	U_{dc}	U_{dc}	U_{dc}
交流电压峰值	$1/2U_{dc}$	$1/2U_{dc}$	$1/2U_{dc}$	U_{dc}
桥臂子模块数量	$2n$	$2n$	$2n$	$3n$
桥臂 IGBT 数量	$4n$	$8n$	$6n$	$10n$
桥臂二极管数量	$4n$	$8n$	$6n$	$10n$
装机容量（标幺值）	1	1	1	2
每个 IGBT 容量	$1/4n$	$1/8n$	$1/6n$	$1/5n$
直流闭锁功能	无	有	有	有

与 H - MMC 相比，混合型 MMC 在不显著增加电子元器件数量的情况下，还具备直流故障穿越的能力。与 F - MMC 相比，混合型 MMC 具有更高的设备利用率和更低的功率损耗，节约了投资成本，具有良好的应用前景。

为了验证混合型 MMC$\left(\text{其中 } m=\frac{1}{3}n，f=\frac{2}{3}n\right)$的性能，本书通过 MATLAB/SIMULINK 软件搭建了单相混合型 MMC 拓扑的柔性直流输电系统仿真模型，选定每相桥臂级联的功率单元数为 3，其中包含 2 个 FBSM 子模块和 1 个 HBSM 子模块。其中主要的系统参数为：MMC 额定功率为 400W，直流电压为 120V，交流电压（相—地有效值）为 72V，模块电容及电压分别为 $940\mu F$ 和 60V，桥臂电感为 5mH，MMC 的开关频率为 2.5kHz。混合型 MMC 作为逆变站运行，即有功功率从直流侧流动到交流侧。图 3-5、图 3-6 分别示出了混合型 MMC - HVDC 的稳态和动态性能。

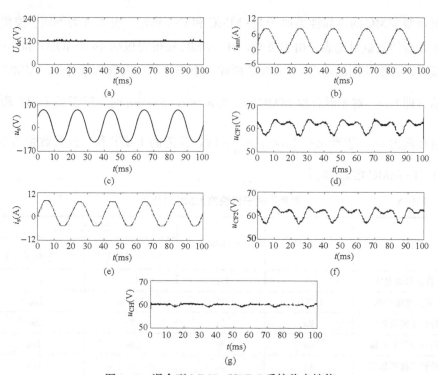

图 3-5　混合型 MMC-HVDC 系统稳态性能

(a) 直流电压；(b) 桥臂电流；(c) 交流电压；(d) FBSM1 电容电压；(e) 交流电流；

(f) FBSM2 电容电压；(g) HBSM 电容电压

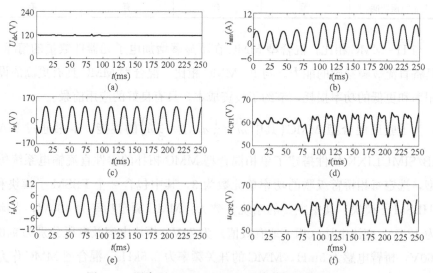

图 3-6　混合型 MMC-HVDC 系统动态性能（一）

(a) 直流电压；(b) 桥臂电流；(c) 交流电压；(d) FBSM1 电容电压；

(e) 交流电流；(f) FBSM2 电容电压

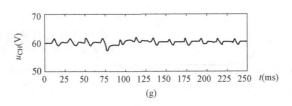

图 3 - 6　混合型 MMC - HVDC 系统动态性能（二）

(g) HBSM 电容电压

图 3 - 5 显示了交流输出电流低失真几乎接近正弦波；从电容电压波形可以看出，由于混合型 MMC 中半桥子模块和全桥子模块电容值均相同（940μF），FB-SM1 和 FBSM2 子模块电容电压纹波大致相同，其比 HBSM 子模块电容电压纹波含量高。在前半个周期，HBSM 被旁路，验证了前文所提出改进的基于排序的子模块电容电压平衡控制的有效性，所有的电容电压均维持在其额定值（60V）。

图 3 - 6 所示为在 $t=75$ms 时，输送的有功功率从 220W 提升到 400W，混合型 MMC - HVDC 系统的仿真波形。由图可见，该文所提出的混合型 MMC 能快速顺利地跟踪电流和功率的变化，并且子模块电容电压在瞬间保持平衡。功率提升后，由于 FBSM 电容的最大能量变化增加导致 FBSM 电容电压纹波增多。

图 3 - 7 为混合型 MMC - HVDC 系统发生直流侧故障时的仿真波形。最初，混合型 MMC 作为整流站运行，即直流侧从交流侧吸收有功功率（245W）。当直流侧发生故障后，i_{arm} 迅速增加，MMC 继续运行，直到检测到过电流时在 $t=100$ms 换流器进入闭锁状态。所选子模块的电容在换流器闭锁前放电，直流电压快速跌落。一旦封锁所有 IGBT 的触发信号时，故障电流流经 FBSM 中的串联电容，而 HBSM 中的电容均被旁路。在 IGBT 闭锁后，FBSM 中的电容有一段短充电时间，而 HBSM 电容电压保持不变。由于 FBSM 子模块电容在故障回路提供的反电动势比交流电压大，交流电流和桥臂电流迅速均下降到零，从而闭锁了直流侧故障。

图 3 - 8 为混合型 MMC 在直流电压显著下降时的仿真波形。最初，混合型 MMC 作为整流站运行，直流侧电压维持在额定电压 120V，直流侧从交流侧吸收有功功率（370W）。对于传统的 VSC，将直流电压从 120V 降到 70V（减少 42%），此时由于直流电压小于交流电压，这样大的压降使换流器停止运行。而对于提出的混合型 MMC，将有功功率相应地下降到 215W（减少 42%），并增

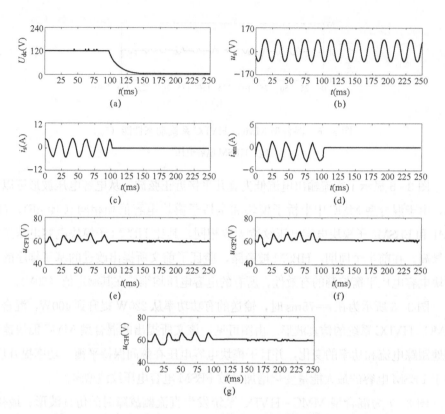

图 3-7 混合型 MMC-HVDC 系统发生直流侧故障时的仿真波形

(a) 直流电压；(b) 交流电压；(c) 交流电流；(d) 桥臂电流；(e) FBSM1 电容电压；

(f) FBSM2 电容电压；(g) HBSM 电容电压

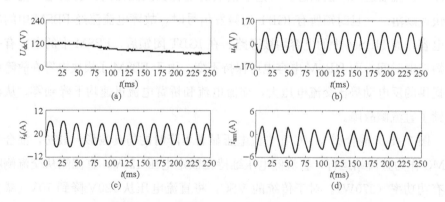

图 3-8 混合型 MMC-HVDC 系统在直流电压显著下降时的仿真波形

(a) 直流电压；(b) 交流电压；(c) 交流电流；(d) 桥臂电流

加 100var 无功功率来确保 HBSM 有足够的充电时间，在这种条件下，调指指数上升。如图 3-8 所示，在这样大的直流电压降情况下，输出交流电流仍然可以很好地控制，验证了混合型 MMC 在直流电压跌落期间，可以通过调节有功功率和无功功率来灵活控制并保持良好的运行特性。

混合型 MMC 在稳定状态、功率上升及直流侧故障状态下的仿真结果验证了理论分析的正确性。混合型 MMC 不仅具备直流故障电流阻断能力，还具有更高的设备利用率和更低的功率损耗，适用于大功率传输的场合。

本章参考文献

[1] Dorn J, Gambach H, Retzmann D. HVDC transmission technology for sustainable power supply [C] //9th InternationalMulti - Conference on Systems, Signals and Devices (SSD). Chemnitz, Germany: IEEE, 2012: 1-6.

[2] 杨晓峰，林智钦，郑琼林，等. 模块组合多电平变换器的研究综述 [J]. 中国电机工程学报，2013，33 (6)：1-14.

[3] 杨晓峰，郑琼林. 基于 MMC 环流模型的通用环流抑制策略 [J]. 中国电机工程学报，2012，32 (18)：59-65.

[4] Chang Fei, Yang Xiaofeng, Jia Hailin, et al. A capacitor voltage balance control algorithm for modular multilevel converter suitable to field programmable gate array [J]. Power System Technology, 2015, 39 (5): 1246-1253 (in Chinese).

[5] Gowaid I A, Adam G P, Williams B W, et al. The transition arm multilevel converter - a concept for medium and high voltage DC - DC transformers [C] //IEEE International Conference on Industrial Technology (ICIT). Seville: IEEE, 2015: 3099-3104.

[6] 马文忠，张子昂，王晓，等. 一种能够清除直流故障和减少传感器数量的 MMC 子模块及其特性研究 [J]. 电力自动化设备，2020，40 (1)：87-92.

[7] 王姗姗，周孝信，汤广福，等. 模块化多电平换流器 HVDC 直流双极短路子模块过电流分析 [J]. 中国电机工程学报，2011，31 (1)：1-7.

[8] Franck C M. HVDC circuit breakers: A review identifying future research needs [J]. IEEE Transactions on Power Delivery, 2011, 26 (2): 998-1007.

[9] 陈朋. 模块化多电平换流器控制与保护的研究 [D]. 青岛：青岛科技大学，2012.

[10] X Q Li, Q Song, W H Liu, et al. Protection of nonpermanent faults on DC overhead lines in MMC - based HVDC systems [J]. IEEE Transactions on Power Delivery, 2012, 28 (1): 483-490.

[11] 吴婧，姚良忠，王志冰，等．直流电网 MMC 拓扑及其直流故障电流阻断方法研究 [J]．中国电机工程学报，2015，35（11）：2681-2694.

[12] 和敬涵，黄威博，李海英，等．FBMMC 直流故障穿越机理及故障清除策略 [J]．电力自动化设备，2017，37（10）：1-7.

[13] 丁云芝，苏建徽，周建．基于钳位双子模块的 MMC 故障清除和重启能力分析 [J]．电力系统自动化，2014，38（1）：97-103.

[14] Qin J, Saeedieard M, Rockhill A, et al. Hybrid design of modular multilevel converters for HVDC system based onvarious submodule circuits [J]. IEEE Transactions on Power Deliver, 2015, 30 (1): 385-394.

[15] Tu Q R, Xu Z, Xu L. Reduced switching-frequency modulation and circulating current suppression for modular multilevel converters [J]. IEEE Transactions on Power Delivery, 2011, 26 (3): 2009-2017.

[16] 刘洪涛．新型直流输电的控制和保护策略研究 [D]．杭州：浙江大学，2003.

第4章
正常工况下 MMC - HVDC 系统的控制与保护

正常工况指的是电网电压对称及 MMC 内部无故障且结构对称的情况。对交流系统来说，MMC 可以等效为可控电压源，基于第 2 章所提到的 MMC 数学模型，MMC - HVDC 系统的控制策略分为交流回路控制和直流回路控制两部分。前者负责完成与交流系统之间的功率交换控制，后者负责谐波环流抑制等。

交流回路控制的具体实现方式有间接电流控制和直接电流控制等，而间接电流控制的电流动态响应慢，受系统参数影响大，容易造成 VSC 阀的过电流。针对间接电流控制存在的问题，现代电力电子技术采用以快速电流反馈为特征的直接电流控制策略能够获得高品质的电流响应，目前这种控制策略已成为主流。其具体的实现过程在第 2 章中已有详细阐述，本章将不再赘述。当 VSC 所连接的交流系统短路比较小时（如小于 1.3），采用常规的直接电流控制将很难使系统在额定功率下稳定运行。为解决直接电流控制在弱交流系统下所遇到的困难，提出 "功率同步控制（Power Synchronization Control，PSC）" 方法。该方法对所连接的交流系统的短路容量没有要求，因此非常适合用于连接弱交流系统。

直流回路控制的职责是改善 MMC 的内部特性，主要包含环流抑制控制器，旨在消除特有的谐波环流，从而降低换流阀的电流应力和有功损耗，同时降低电容电压的波动水平。此外，换流器阀组级触发控制的核心是子模块电压的平衡控制，这是实现系统级控制以及换流站级控制的先决条件。针对上述问题，本章的主要研究内容将重点阐述环流抑制策略、子模块均压控制以及同步功率控制。

另外，MMC - HVDC 控制保护系统是系统稳定运行的关键，其性能的好坏直接决定着系统各种功能的实现和优势的发挥。对此，本章将详细阐述 MMC - HVDC 控制保护系统的设计原则、基本要求及主要功能。

4.1　MMC - HVDC 系统的环流抑制

　　MMC 模块化程度高且易于扩展，但由于 MMC 自身也存在着一些不足，存在一部分谐波偏置分量，该分量仅在 MMC 内部流通，而对其直流侧和交流侧的功率输出没有影响，则将该电流分量定义为环流。

　　环流虽然不会对 MMC 的交流输出特性产生影响，但环流叠加在桥臂电流上使之发生畸变，对换流器器件损耗、器件额定容量、SM 电容电压波动均有一定的负面影响，还会引起输出波形的失真，因此为避免 MMC 内部环流带来的不良影响，应采取相应的措施对环流进行抑制[1]。

　　本节就正常工况下 MMC 普遍存在的环流问题，根据 MMC 桥臂电路模型阐述其内部环流形成机理。同时，在分析造成 MMC 环流主要因素的基础上，针对当前主流的 MMC 环流控制方法进行阐述。

4.1.1　模块化多电平换流器内部环流产生机理

　　通过对 MMC 的数学模型分析得到，桥臂中的共模电压降是产生环流的直接原因。由于 MMC 自身结构特点，其三相桥臂在直流侧并联连接，而 MMC 的瞬时能量储存于悬浮的独立直流电容中，各相之间能量分配得不平衡，直接导致换流器内部环流的存在[2]。与此同时，受到电压控制影响，MMC 的子模块电容电压波动将会在输出电压中引入谐波，将会使得输出电压实际值与给定值之间出现偏差，这将直接引入共模电压，进而导致环流的产生[3]。

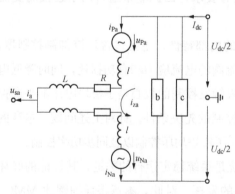

图 4 - 1　MMC 等效电路

　　由于 MMC 上、下桥臂和三相桥臂电气参数的一致性和物理结构的对称性，交流电流在上、下桥臂进行均衡分流，同时直流电流也在三相桥臂中进行均衡分流。因此，根据 MMC 三相单元对称的拓扑结构，本节针对 a 相内部电压电流量进行分析，其 MMC 等效电路如图 4 - 1 所示。

　　针对 a 相进行分析，将内环电流

控制器输出的 a 相电压 u_a 用正弦波表示为

$$u_a = U_a \sin\omega t \qquad (4 - 1)$$

同上，以 a 相为例 MMC 交流侧三相电流 i_a 也用正弦波表示为

$$i_a = I_a \sin(\omega t + \varphi) \qquad (4 - 2)$$

式（4-1）和式（4-2）中，U_a 为换流器中 a 相输出相电压期望峰值，I_a 为换流器中 a 相输出相电流的期望峰值。

电压调制比可定义为

$$k = \frac{U_a}{U_{dc}/2} \qquad (4 - 3)$$

同时，电流调制比可定义为

$$m = \frac{I_a/2}{I_{dc}/3} \qquad (4 - 4)$$

对图 4 - 1 的 MMC 等效电路图进行分析可知，若忽略环流的影响，上、下桥臂电压可分别表达为

$$u_{Pa} = \frac{U_{dc}}{2} - u_a = \frac{U_{dc}}{2}(1 - k\sin\omega t) \qquad (4 - 5)$$

$$u_{Na} = \frac{U_{dc}}{2} + u_a = \frac{U_{dc}}{2}(1 + k\sin\omega t) \qquad (4 - 6)$$

此时，上、下桥臂电流可以分别表达为

$$i_{Pa} = \frac{I_{dc}}{3} + \frac{i_a}{2} = \frac{I_{dc}}{3}\left[1 + m\sin(\omega t + \varphi)\right] \qquad (4 - 7)$$

$$i_{Na} = \frac{I_{dc}}{3} - \frac{i_a}{2} = \frac{I_{dc}}{3}\left[1 - m\sin(\omega t + \varphi)\right] \qquad (4 - 8)$$

则换流器 a 相中上、下桥臂的瞬时功率为

$$P_{Pa}(t) = u_{Pa}(t)i_{Pa}(t)$$
$$= \frac{U_{dc}I_{dc}}{6}\left[1 + m\sin(\omega t + \varphi)\right](1 - k\sin\omega t) \qquad (4 - 9)$$

$$P_{Na}(t) = u_{Na}(t)i_{Na}(t)$$
$$= \frac{U_{dc}I_{dc}}{6}\left[1 - m\sin(\omega t + \varphi)\right](1 + k\sin\omega t) \qquad (4 - 10)$$

上、下桥臂中存储的能量可通过对式（4-9）和式（4-10）进行积分得到，可表达为

$$W_{Pa}(t) = \int_{t_0}^{t} P_{Pa}(t)\mathrm{d}(t) \tag{4-11}$$

$$W_{Na}(t) = \int_{t_0}^{t} P_{Na}(t)\mathrm{d}(t) \tag{4-12}$$

将式（4-11）和式（4-12）中的直流分量忽略，则可求得换流器 a 相上、下桥臂能量的交流分量分别为

$$W_{Pa\_AC}(t) = \frac{U_{dc}I_{dc}}{6\omega}\left[k\cos\omega t - m\cos(\omega t + \varphi) + \frac{mk}{4}\sin(2\omega t + \varphi)\right] \tag{4-13}$$

$$W_{Na\_AC}(t) = \frac{U_{dc}I_{dc}}{6\omega}\left[-k\cos\omega t + m\cos(\omega t + \varphi) + \frac{mk}{4}\sin(2\omega t + \varphi)\right] \tag{4-14}$$

MMC 相单元能量的交流分量可由式（4-13）和式（4-14）相加求得

$$W_{PM\_AC}(t) = \frac{U_{dc}I_{dc}}{6\omega\cos\varphi}\sin(2\omega t + \varphi) \tag{4-15}$$

MMC 相单元能量的稳态直流分量可由各 SM 储存的稳态能量之和进行表示，即

$$W_{PM\_DC} = 2n \times \frac{1}{2}Cu_C^2 \tag{4-16}$$

忽略桥臂电感中的能量，MMC 内部能量主要是通过内部各 SM 的电容进行储存，因此换流器内部储存的能量可表示为

$$W_{PM}(t) = W_{PM\_AC}(t) + W_{PM\_DC} = \frac{1}{2}C\sum_{i=1}^{2n}u_{Ci}^2(t) \tag{4-17}$$

因此，经分析可知 MMC 内部各相上、下桥臂电压和（即各相单元电压，不包括桥臂电感电压）一定包含 2 倍基频分量，可表达为（以 a 相为例）

$$u_{PM}(t) = U_{PM\_AC} + U_{PM\_DC} = U_{2f}\sin(2\omega t + \varphi) + U_{PM\_DC} \tag{4-18}$$

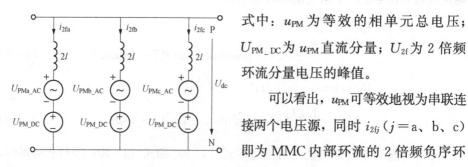

式中：u_{PM} 为等效的相单元总电压；U_{PM_DC} 为 u_{PM} 直流分量；U_{2f} 为 2 倍频环流分量电压的峰值。

可以看出，u_{PM} 可等效地视为串联连接两个电压源，同时 i_{2fj}（j＝a、b、c）即为 MMC 内部环流的 2 倍频负序环流分量[4]。图 4-2 所示为 MMC 的环

图 4-2 MMC 环流等效电路

流等效电路。

　　当上桥臂投入（切除）一个模块的时候，相应的下桥臂也将切除（投入）一个模块，以保证每相桥臂中投入模块总数量的恒定，维持直流电压的稳定。但是由上述分析可知，投入或切除的模块电压不能够满足完全一致的条件，从而会在同一相桥臂中出现电压波动，或者在不同相桥臂间出现电压差异，从而产生环流。

　　由以上分析可知由于环流的存在，使得换流器各相的桥臂环流发生了畸变，a 相上桥臂电流波形如图 4 - 3 所示。在原先直流与基频分量电流的基础上还增加了以 2 倍频为主的环流分量[5]，如图 4 - 4 所示。

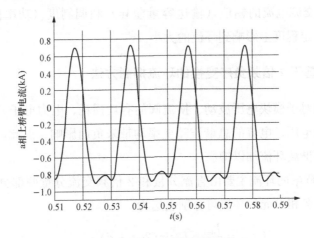

图 4 - 3　a 相上桥臂电流波形

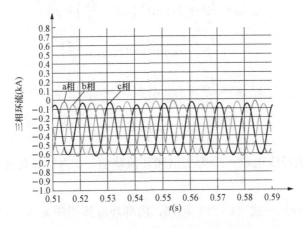

图 4 - 4　换流器桥臂电流与桥臂环流分量波形

通过以上推导可以得出以下结论：

交流电流在上、下桥臂进行均衡分流，直流电流分别在三相桥臂间进行均衡分流，桥臂复合电流可以等效为直流分量、谐波分量激励时产生的响应的叠加。即使阀侧电压 u_a、电流 i_a 不含有谐波分量，此时的桥臂电流中也会含有 2 次谐波。

在对称情况下，三个桥臂的 2 次谐波电流相位互差 120°，之和等于零，所以不会出现在直流侧电流中。如果阀侧电压 u_a 或 i_a 含有谐波分量，则桥臂电流中将还会出现高次谐波。实际中，由于 MMC 电平数量高，阀侧电压谐波含有率比较低，所以桥臂电流中的环流包含了少量的其他高次谐波，但主要表现为 2 倍频特性。交流电流的幅值（输送容量差异）和调制度（功率因数的不同）的不同会在一定程度上影响到环流的大小。

4.1.2 基于 2 倍频负序变换的环流抑制方法

谐波环流对子模块电压波动、换流阀的有功损耗、电力电子开关器件选型以及交流输电电压、电流的总谐波畸变率均带来负面影响。因此，有必要采取一定的措施对谐波环流加以抑制。

MMC 桥臂中的环流主要由直流分量和 2 倍频交流分量两部分组成[10]，因此流过 MMC 各相单元的环流可分别表达为

$$i_{a\_add} = \frac{I_{dc}}{3} + I_{2f}\sin(2\omega t + \varphi) \tag{4-19}$$

$$i_{b\_add} = \frac{I_{dc}}{3} + I_{2f}\sin\left[2\left(\omega t - \frac{2\pi}{3}\right) + \varphi\right]$$
$$= \frac{I_{dc}}{3} + I_{2f}\sin\left(2\omega t + \varphi + \frac{2\pi}{3}\right) \tag{4-20}$$

$$i_{c\_add} = \frac{I_{dc}}{3} + I_{2f}\sin\left[2\left(\omega t + \frac{2\pi}{3}\right) + \varphi\right]$$
$$= \frac{I_{dc}}{3} + I_{2f}\sin\left(2\omega t + \varphi - \frac{2\pi}{3}\right) \tag{4-21}$$

式中：I_{dc} 为直流母线电流；I_{2f} 为 2 倍频环流峰值；φ 为初相角分量；ω 为基波角频率。

从式（4-19）~式（4-21）可知，内部环流按相序 a-c-b 在 MMC 各桥臂间流动，由于相序 a-b-c 是在三相静止坐标系下的交流侧情况，其电压和电

流都是正弦形式的交流量，直接进行分析不利于控制器设计。

而相较于交流量而言，直流量易于控制，因此常通过坐标变换（dq 坐标变换）将三相静止坐标系下的正弦交流量变换到两相同步旋转坐标系下的直流量。此时，时变交流量在静止坐标系中可等效为旋转的矢量，若坐标系以与电压电流矢量相同的角速度逆时针旋转，那么矢量投影将不随时间变化即可视为常量，其旋转变换矩阵可表达为

$$T_{\text{acb/dq}} = \frac{2}{3} \begin{bmatrix} \cos\theta & \cos\left(\theta - \frac{2}{3}\pi\right) & \cos\left(\theta + \frac{2}{3}\pi\right) \\ -\sin\theta & -\sin\left(\theta - \frac{2}{3}\pi\right) & -\sin\left(\theta + \frac{2}{3}\pi\right) \end{bmatrix} \tag{4-22}$$

式中：$\theta = 2\omega t$。

考虑桥臂串联电阻，电阻值设为 r，电感值设为 l，对式（2-17）中的 MMCj（j＝a、b、c）相内部不平衡压降 u_{zj} 进行重新定义，表达为

$$u_{zj} = l\frac{\mathrm{d}i_{zj}}{\mathrm{d}t} + ri_{zj} \tag{4-23}$$

将式（4-23）改写为矩阵形式（按 a-c-b 相序），有

$$\begin{bmatrix} u_{za} \\ u_{zc} \\ u_{zb} \end{bmatrix} = l\frac{\mathrm{d}}{\mathrm{d}t} \begin{bmatrix} i_{za} \\ i_{zc} \\ i_{zb} \end{bmatrix} + r \begin{bmatrix} i_{za} \\ i_{zc} \\ i_{zb} \end{bmatrix} \tag{4-24}$$

将式（4-19）～式（4-21）代入式（4-24），并对该式进行由 abc 变为 dq 的坐标变换可得

$$\begin{bmatrix} u_{zd} \\ u_{zq} \end{bmatrix} = l\frac{\mathrm{d}}{\mathrm{d}t} \begin{bmatrix} i_{2\text{fd}} \\ i_{2\text{fq}} \end{bmatrix} + \begin{bmatrix} 0 & -2\omega l \\ 2\omega l & 0 \end{bmatrix} \begin{bmatrix} i_{2\text{fd}} \\ i_{2\text{fq}} \end{bmatrix} + r \begin{bmatrix} i_{2\text{fd}} \\ i_{2\text{fq}} \end{bmatrix} \tag{4-25}$$

式中：u_{zd}、u_{zq} 分别为内部不平衡电压降在 dq 坐标轴下的分量；$i_{2\text{fd}}$、$i_{2\text{fq}}$ 分别为 dq 坐标轴下的 2 倍频环流分量，其中 $i_{2\text{fd}} = 1.5I_{2\text{f}}\sin\varphi$，$i_{2\text{fq}} = -1.5I_{2\text{f}}\cos\varphi$。

由上述分析可知，MMC 三相环流可经 $T_{\text{acb/dq}}$ 变换后变为两个直流分量，以方便对 MMC 内部环流抑制控制器进行相应的设计。图 4-5 给出了 MMC 内部环流抑制控制器结构。控制器的原理是通过抑制环流的 2 倍频负序分量，从而使桥臂串联电感压降降至零，以实现环流抑制的功能。

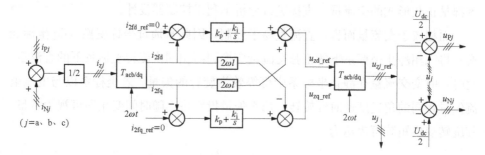

图 4-5　MMC 环流抑制控制器结构图

图 4-5 中控制器的逆变换矩阵为

$$
T_{\mathrm{dq/acb}} = \frac{2}{3} = \begin{bmatrix} \cos\theta & -\sin\theta \\ \cos\left(\theta - \dfrac{2}{3}\pi\right) & -\sin\left(\theta - \dfrac{2}{3}\pi\right) \\ \cos\left(\theta + \dfrac{2}{3}\pi\right) & -\sin\left(\theta + \dfrac{2}{3}\pi\right) \end{bmatrix} \tag{4-26}
$$

式中：$\theta = 2\omega t$。

下面介绍 MMC 环流抑制器仿真算例。该仿真算例以 MMC 内部环流抑制为研究对象，验证 4.1.2 节所提出的环流抑制方法的有效性，在 MATLAB/simulink 中搭建双端 MMC-HVDC 系统仿真模型。仿真模型参数为：换流变压器 YNd 法，交流侧电压为 66kV，直流电压为 135kV，变压器额定电压为 400kV/66kV，变压器额定功率为 220MVA，采样周期 $T_{\mathrm{s}}=40\mu\mathrm{s}$，环流抑制控制器于 1.5s 进行响应，搭建的控制器仿真模型如图 4-6 所示。

由图 4-7 可知，在 1.5s 时，随着环流抑制控制器的加入，MMC 内部三相环流明显降低，由 350A 左右下降至 100A 左右，验证了控制器对 MMC 内部环流抑制的优越性能。

由于该方法需用到 2 倍频负序坐标变换和电流相间解耦环节，增加了 MMC 控制系统的运算量。在实际应用中，一方面因采样频率及电网频率的变化、锁相环性能等因素的影响，会造成正负序分量分解误差，使得正负序分量控制相互影响，从而影响控制效果；另一方面由于正负序分解带来的延迟也降低了控制器带宽和稳定性。这种控制策略尽管能够很好地抑制 2 次环流，但由于考虑其他次谐波，故存在一定的局限性。此外，该方法仅适用于三相系统，无法推广到单相或者四线制 MMC 系统。

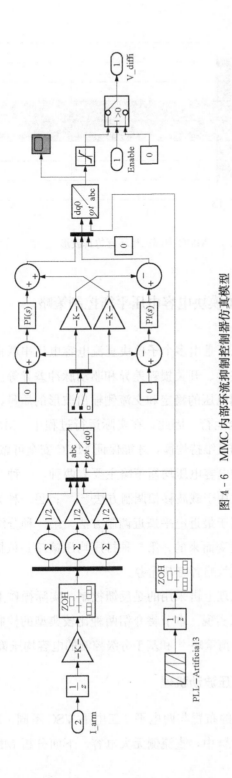

图 4‐6　MMC 内部环流抑制控制器仿真模型

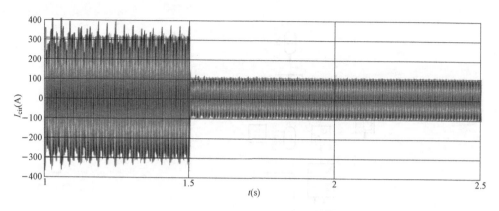

图 4 - 7   MMC 内部三相环流仿真波形

4.2   子模块电容电压平衡控制策略

由于 MMC 的总直流电压是由多个子模块直流电容电压串联构成的，但各子模块直流电容存在损耗差异、开关损耗差异和驱动脉冲差异等。子模块不均衡的电容电压会影响直流侧电压的稳定和交流侧输出波形的质量，严重时还会威胁到装置以及系统的安全运行。因此，在实际运行过程中，MMC 中各子模块的电容电压应被实时监测且维持均衡，才能保证 MMC 安全可靠运行[11]。

目前 MMC 广泛采用的电容电压均衡策略主要有两种：一种为基于分级控制的电容均压策略，主要适用于载波移相调制方法[12-13]；另一种为基于排序法的电容均压策略，主要适用于最近电平逼近调制方法。第一种分级控制策略是基于级联多电平电容均压演变而来的，第二种排序均压策略是依据 MMC 的独特结构提出的，这两种均压策略各有其优劣。

电容电压平衡控制从原理上讲采用的是反馈控制，实际操作上一般基于电容电压值的某种排序方法来实现。本节将介绍两种比较典型的控制策略，基于 CPS - SPWM 的传统排序均衡策略[14]和基于分级控制的电容均压策略[15]。

4.2.1   子模块电容电压波动机理

MMC 中直流储能电容的布置与两电平、三电平 VSC 不同，MMC 中全部子模块电容都分散布置在桥臂中，直流侧无大电容。下面分析 MMC 中子模块电容电压波动的数学机理。

根据 MMC 多电平技术实现原理，可以将各桥臂级联的子模块看作一个受控电压源，以 a 相为例进行分析，假设

$$\begin{cases} u_{ao} = U_m \sin(\omega_1 t) \\ i_{ao} = I_m \sin(\omega_1 t - \varphi) \end{cases} \tag{4 - 27}$$

式中：U_m 为换流器输出相电压峰值；I_m 为线电流峰值；ω_1 为基波角频率；φ 为功率因素；u_{ao} 为输出相电压；i_{ao} 为输出线电流。

忽略换流站和线路损耗，由交直流系统有功功率平衡可得

$$P_{dc} = U_{dc} I_{dc} = P_{ac} = \frac{3}{2} M U_{dc} k I_{dc} \cos\varphi \tag{4 - 28}$$

k 为交流电流调制比，其与调制比 M 的关系为

$$k = \frac{I_m/2}{I_{dc}/3} = \frac{3I_m}{2I_{dc}} = \frac{2}{M\cos\varphi} \tag{4 - 29}$$

由此推导出 a 相上桥臂的电压、电流分别为

$$u_{Pa}(t) = \frac{1}{2} U_{dc} [1 - M\sin(\omega_1 t)] \tag{4 - 30}$$

$$i_{Pa}(t) = \frac{1}{3} I_{dc} [1 + k\sin(\omega_1 t - \varphi)] \tag{4 - 31}$$

同理可得，a 相下桥臂表达为

$$u_{Na}(t) = \frac{1}{2} U_{dc} [1 + M\sin(\omega_1 t)] \tag{4 - 32}$$

$$i_{Na}(t) = \frac{1}{3} I_{dc} [1 - k\sin(\omega_1 t - \varphi)] \tag{4 - 33}$$

则 a 相上桥臂的瞬时功率为

$$S_{Pa}(t) = \frac{P_{dc}}{6} \left(1 - \frac{Mk}{2}\cos\varphi\right) + \frac{P_{dc}}{6} \left[k\sin(\omega_1 t - \varphi) - M\sin(\omega_1 t) + \frac{Mk}{2}\cos(2\omega_1 t - \varphi) \right] \tag{4 - 34}$$

由式（4 - 29）可知，式（4 - 34）等号后面常数项为 0，可以写成

$$S_{Pa}(t) = \frac{P_{dc}}{6} \left[k\sin(\omega_1 t - \varphi) - M\sin(\omega_1 t) + \frac{Mk}{2}\cos(2\omega_1 t - \varphi) \right] \tag{4 - 35}$$

a 相下桥臂瞬时功率 $S_{Na}(t)$ 为

$$S_{Na}(t) = \frac{P_{dc}}{6} \left[-k\sin(\omega_1 t - \varphi) + M\sin(\omega_1 t) + \frac{Mk}{2}\cos(2\omega_1 t - \varphi) \right] \tag{4 - 36}$$

于是，直流侧向 a 相单元输送的瞬时功率 $S_a(t)$ 为

$$S_a(t) = S_{Pa}(t) + S_{Na}(t) = \frac{P_{dc}}{6} Mk\cos(2\omega_1 t - \varphi) \qquad (4\text{-}37)$$

由式（4-35）～式（4-37）可知，直流侧流向 MMC 单个桥臂的瞬时功率中除了满足给定的有功功率输送外，整个相单元的瞬时功率仅为 2 倍频负序性质且为纯无功性质，桥臂瞬时功率呈现 2 倍频波动且平均值为零。

对 MMC 而言，直流侧储能是由多个子模块电容电压串联维持的，因此子模块电容起着能量存储与释放的作用。由电容储能公式 $E = CU^2/2$ 可知，能量变化时，电容电压必然会存在一定程度的波动，其除了直流分量外，还包含相当数量的基波、2 次谐波和 3 次谐波分量。另外，同一个桥臂上的子模块电容的损耗、容值的大小不同等因素也会使各个子模块的电容电压不平衡，导致直流电压波动幅度增大，影响换流器的正常运行。因此，要想保持 MMC-HVDC系统的直流电压稳定，不仅需要 MMC 极控制层控制直流电压，还必须对各个子模块电容电压进行均衡控制，以保证系统的稳定运行。

4.2.2　基于传统排序的电容电压平衡策略

最近电平逼近调制策略给出了不同时刻的各个桥臂需要投入的子模块数量，但是具体到各个子模块的投切状态则存在多种冗余组合。传统排序法是一种高效的直接电容电压平衡策略，以桥臂为单位对子模块的投切状态进行控制，具体实现方法如下：

（1）监测桥臂中的各子模块电容电压值，并对子模块电容电压值进行排序。

（2）监测各桥臂电流方向，判定桥臂电流对桥臂中处于投入状态的子模块的充放电情况。

（3）在触发控制动作时，如果该时刻桥臂电流对投入的子模块充电，则按照电容电压由低到高的顺序将相应数量的子模块投入（这些子模块电容被充电，电压升高），并将其余的子模块切除（这些子模块的电容电压不变）；如果该时刻桥臂电流使投入的子模块放电，则按照由高到低的顺序将相应数量的子模块投入（这些子模块电容被放电，电压降低），并将其余的子模块切除（这些子模块的电容电压不变），其基于排序的 MMC 子模块电容电压控制策略步骤如图 4-8所示。

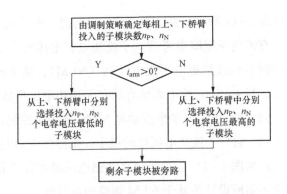

图 4 - 8　MMC 子模块电容电压控制策略步骤

在 PSCAD/EMTDC 仿真计算平台上搭建了 MMC - HVDC 系统模型，对传统排序法电压均衡控制策略的有效性进行验证。

本节用基于最近电平逼近调制策略排序的子模块电容电压均衡策略，在 PSCAD/EMTDC 中搭建如图 4 - 9 所示的双端 21 电平 MMC - HVDC 系统仿真模型。仿真模型参数如下：交流侧系统电压有效值 230kV，系统阻抗 3Ω，换流变变比为 230/166，换流变阻抗标幺值为 0.12p.u.；MMC 换流器单个桥臂包含 20 个子模块，用 fortan 语言编写子模块电容电压排序算法，子模块直流侧电容值为 10000μF，桥臂电抗器 0.01H，子模块电容额定电压 16kV，直流侧电压为 320kV，两端 MMC 换流站通过 50km 直流电缆连接。

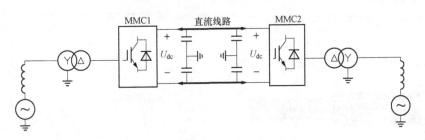

图 4 - 9　双端 21 电平 MMC - HVDC 系统仿真模型

送端换流站采用定直流电压和定无功功率控制方式，受端换流站采用定有功功率和定无功功率控制。正常运行时，给定送端直流电压参考值为 320kV，无功功率参考值为 0Mvar；受端给定有功功率参考值 300WM，无功功率参考值 0Mvar。在 5s 时，受端换流站有功功率由 300MW 阶跃到 180MW，无功功率由 0Mvar 阶跃到－60Mvar。

如图 4-10 和图 4-11 所示仿真结果，稳态运行时，所采用的直接电流控制能使有功、无功、直流电压跟踪参考值，子模块电容电压实现了均衡验证了换流站级直接电流控制和阀级最近电平逼近调制（NLM）、基于排序的电容电压均衡算法的可行性。当 $t=5$s 时输电系统有功和无功功率出现波动，由图 4-10（a）、（b）和图 4-11（a）可知，功率波动时 MMC 换流站控制系统能有效跟踪参考值，同时图 4-10（f）子模块电压波动很小，维持在 5％以内，波动幅度很小，基本维持稳定；如图 4-11（c）所示直流侧电压基本保持恒定波动幅度较小。上述仿真结果表明所设计的基于 NLM 策略的可行性。

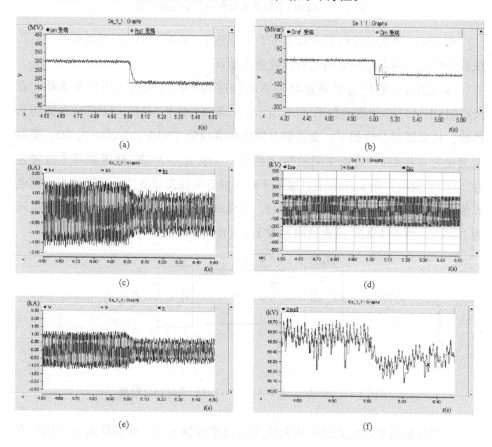

(a)　　　　　　　　　　　　　　　(b)

(c)　　　　　　　　　　　　　　　(d)

(e)　　　　　　　　　　　　　　　(f)

图 4-10　功率阶跃时受端功率、电压、电流波形仿真图

（a）受端换流器输送有功参考值和实际值；（b）受端换流器输送无功参考值和实际值；
（c）阀侧交流电流；（d）网侧交流电压；（e）网侧交流电流；（f）a 相上桥臂 SM 电容电压

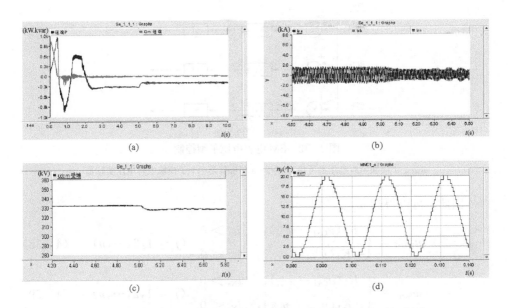

图 4 - 11 功率阶跃时受端功率、直流电压和电容电压波形仿真图

(a) 送端传输的有功和无功功率；(b) 阀侧交流电流；(c) 直流侧电压；

(d) a 相上桥臂导通子模块数 n_P

4.3 基于分级控制的电容电压均衡策略

前述章节介绍的基于排序的子模块电容电压平衡控制策略，一般适用于子模块数目较多的高电平 MMC，采用最近电平调制（NLM）策略的场合；而在低电平 MMC 应用领域，作为 MMC 调制策略之一的载波移相调制策略（CPS - SPWM）应用广泛，其控制原理如下[15]。

（1）SM 电容电压平衡控制方法（见图 4 - 12）。使桥臂上的各子模块电容电压值分别跟踪参考值。调制波的第二次幅值微增量 u_{Bjaref} 是由 SM 电容电压与参考值经过比较器以后根据电流的方向最终得到。以 a 相为例，当 $u_{Cref} \geqslant u_{Cja}$ 时，意味 MMC 换流器需要从直流侧获取能量以对电容充电提高电压来跟踪参考值，如果此时桥臂电流 $i_{Pa} > 0$ 为充电状态，则 u_{Bjaref} 为正值；如果此时桥臂电流 $i_{Pa} < 0$，则处于放电状态，则 u_{Bjaref} 为负值。反之，当 $u_{Cref} \leqslant u_{Cja}$ 时，u_{Bjaref} 的取值则相反。

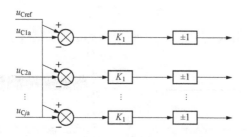

图 4 - 12　SM 电容电压平衡控制

u_{Cref}—子模块电容电压参考值；u_{Cj2a}—a 相桥臂第 j 个子模块电容电压实际值

因此，可以得到 u_{Bjaref}，即

$$u_{Bjaref} = \begin{cases} K_1(u_{Cref} - u_{Cja}), & i_{Pa} > 0 \\ -K_1(u_{Cref} - u_{Cja}), & i_{Pa} < 0 \end{cases} \quad (j = 1,2,\cdots,n) \quad (4 - 38)$$

$$u_{Bjaref} = \begin{cases} K_1(u_{Cref} - u_{Cja}), & i_{Na} > 0 \\ -K_1(u_{Cref} - u_{Cja}), & i_{Na} < 0 \end{cases} \quad (j = 1,2,\cdots,n) \quad (4 - 39)$$

（2）电容电压平衡的调制策略。由 MMC 电路原理可知每个子模块调制波的初始值为

$$u_{Cjaref} = -\frac{u_{Cja}}{N} + \frac{U_d}{2n}（上桥臂） \quad (4 - 40)$$

$$u_{Cjaref} = \frac{u_{Cja}}{N} + \frac{U_d}{2n}（小桥臂） \quad (4 - 41)$$

根据式（4 - 40）和式（4 - 41），加入前述调制波微增量，得到最终载波移相调制策略的调制波为

$$u_{jaref} = u_{ajaref} + u_{bjaref} + u_{cjaref} \quad (4 - 42)$$

每个子模块对应的调制波为 u_{jaref}，调制波与错开一定角度的载波经调制后得到每个子模块的开关信号，各 SM 输出电压加在一起最终得到换流器的输出电压。

📍 仿真算例

本节采用基于 CPS - SPWM 调制的子模块电容电压平衡控制策略，在 PSCAD/EMTDC 中搭建单端 5 电平 MMC - HVDC 系统仿真模型，直流侧用直流电压源代替。仿真模型参数如下：交流侧系统为理想电压源有效值 38kV 直接和换流器连接；MMC 换流器单个桥臂包含 4 个子模块，子模块直流侧电容

值为 $1360\mu F$，桥臂电抗器 $3.4mH$，SM 电容额定电压为 $20kV$，直流侧稳压源电压值为 $80kV$。

图 4 - 13 所示为采用 CPS - SPWM 调制策略时子模块电容电压平衡控制的仿真模型。换流站采用定有功功率和无功功率控制模式，正常运行时，有功功率和无功功率的参考功率值分别为 $200MW$ 和 $0Mvar$；$t=3s$ 时，发生有功功率和无功功率阶跃，有功功率参考值阶跃为 $100MW$，无功功率阶跃为 $50Mvar$，仿真结果如图 4 - 14 所示。

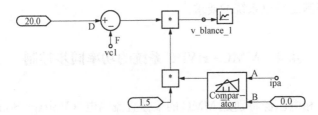

图 4 - 13　采用 CPS - SPWN 调制策略时子模块电容电压平衡控制仿真模型

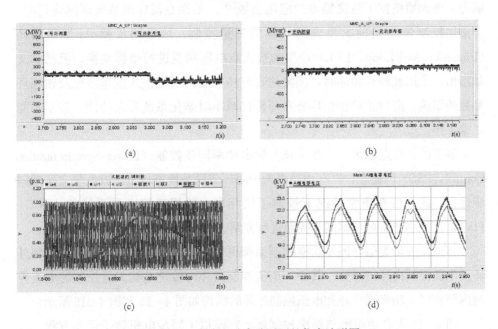

图 4 - 14　正常和功率阶跃下的仿真波形图

（a）有功测量值和参考值；（b）无功测量值和参考值；（c）a 相上桥臂的载波和调制波；

（d）a 相上桥臂的子模块电容电压

由图 4 - 14 (a)、(b) 可以看出正常和功率发生阶跃情况下换流器传输的功率基本上能够迅速地调整跟踪阶跃后的参考值具有较好的动态响应能力；图 4 - 14 (c) 代表阀级控制的载波移相调制策略，a 相上桥臂 4 个子模块对应 4 组载波和 1 组调制波，载波依次错开 90°；从图 4 - 14 (d) 中可以看出稳态情况下的子模块电容电压状态，4 组子模块电容电压波动范围较小，表明采用 CPS - SP-WM 调制所提出 SM 电容电压均衡能有效将子模块电容电压波动维持在合理的范围内。综上所述，应用于电平数较少场合的 CPS - SPWM 调制和电容电压均衡策略基本能满足输电系统的要求。

4.4 MMC - HVDC 系统的功率同步控制

采用自换相电压源特别是 MMC 的柔性直流输电 (Voltage Source Converter based HVDC，VSC - HVDC)，理论上具备了向弱系统甚至无源系统供电的能力，极大地拓宽了直流输电的应用领域[16]。柔性直流输电系统联网运行时，最常用控制策略是前文提到的解耦的矢量控制，该策略依赖 dq 型锁相环 (Phase Locked Loop，PLL) 产生的接入点电压相位进行坐标变换，但已有文献指出，采用此种锁相环时，换流站直流功率受到系统接入点短路比及锁相环参数的影响，高增益的锁相环将在短路比减小时恶化系统动态特性，甚至不能正常工作。

基于以上几点原因，文献 [16] 提出功率同步控制 (Power Synchronization Control，PSC) 的概念，以有功功率为中间环节联系换流器与交流系统，实现同步运行。此方法在正常情况下规避了锁相环，适用于接入弱系统的 MMC - HVDC。本小节将对功率同步控制进行介绍。

与电流矢量类似，同步功率控制系统也可以分为功率同步环、电压控制外环及电流控制内环三部分。其中，电流控制内环与传统电流矢量控制的电流控制内环相同，功率同步环和电压控制外环的结构如图 4 - 15 和图 4 - 16 所示。

图 4 - 15 为有功功率与频率控制环，它模拟了同步电机转子运动方程。其中由功率偏差得到频率偏差的惯性环节，不仅使换流站具备了与其他同步电机并列运行的能力，还有别于一般的频率下垂控制，通过引入转子运动方程中的阻尼系数，使换流器更好地起到对交流系统惯性支撑的作用。图 4 - 16 和图 4 -

17 为广泛采用的 MMC - HVDC 向无源系统供电时的控制方式,图中 X、B 分别为 MMC 等效换相电抗与交流滤波器电纳。略有不同的是,图 4 - 16 虚线框中增加了类似于同步电机励磁调节器的环节。

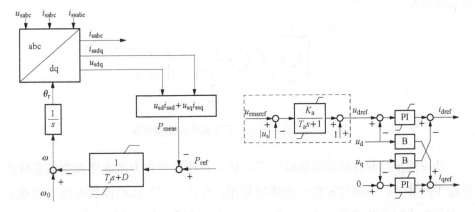

图 4 - 15　MCC 有功功率与频率控制环　　　　图 4 - 16　电压外环控制器

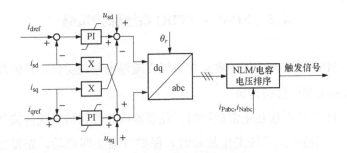

图 4 - 17　电流内环与阀级控制器

接入弱交流系统的柔性直流输电系统控制策略设计基于以下考虑:

(1) 弱交流系统短路比小,此时常规锁相环已不能满足系统的动态要求,需要采取无锁相环的控制策略;

(2) 弱交流系统在某些工况时会变成无源网络,控制策略需具备联网与无源供电模式切换的能力;

(3) 弱交流系统的转动惯量小,控制策略应尽可能提供惯性支撑。

因功率同步控制具有以上优点,被应用于连接弱交流系统的柔性直流输电系统中。基于功率同步控制思想的控制策略有许多不同的表现形式,但都大同小异,以下仅简要介绍其中一种形式的基本原理。

假设直流电压由远端换流站控制，系统接线图如图4-18所示。直流电压用电压源与直流线路表示，接入的系统可能是有源弱交流系统也可能是无源网络，弱交流系统用戴维南等效，无源网络用恒功率负荷模拟，交流滤波器采用电容来模拟。

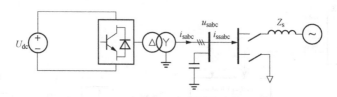

图4-18　接入弱交流系统的换流站接线图

功率同步控制将换流器模拟成发电机，有功功率作为换流器和交流系统连接的中间环节，可避免常规锁相环的使用。此外，同步功率控制可以方便地实现有源模式和无源模式之间的无缝切换，并且还可为交流系统带来惯性支撑。

4.5　MMC-HVDC 系统保护策略

MMC-HVDC 系统的保护要求与常规直流输电系统类似，目的均是保护换流站免受故障引起的任何伤害。

MMC-HVDC 系统在正常运行时，控制器应始终保持系统传输功率及直流电压的恒定。当检测到系统发生故障时，保护方案立即启动，先发出警报，同时利用系统的快速可控性来抑制故障的发展，试图维持系统的稳定。如果故障进一步发展，现有保护策略无法维持系统稳定时，应闭锁换流站，停止系统运行，隔离故障设备，防止故障进一步扩大，避免造成更严重损失[17]。

4.5.1　MMC-HVDC 系统一般保护动作

MMC-HVDC 系统故障可分为暂时性故障和永久性故障。对于暂时性故障，除考虑系统的保护之外，还应考虑短时间故障清除后的重启。对于永久性故障，一般采用系统停运的方式，但应采取相应的保护措施保证系统在停运之前免受过压、过流的损害。一般来说，MMC-HVDC 系统保护动作主要包括以下方式。

（1）警告和启动录波。使用灯光、声音等方式，提醒运行人员，注意相关设备的运行状况，及时采取相应的措施，自动启动故障录波和事件记录，方便识别故障设备和分析故障原因。

（2）控制系统切换。利用冗余的控制系统，通过控制系统的切换来排除控制保护系统故障给系统带来的影响。

（3）封锁触发脉冲，闭锁换流站。主要针对暂时性故障，当发生某种故障时，可暂时封锁换流站，等故障消除后，再解锁换流站，恢复系统正常运行。

（4）闭锁换流站，跳开交流侧断路器，系统停机。主要针对系统无法控制的严重故障及永久性故障。本章根据第 3 章的故障分析，针对其后果，提出相应的保护策略，主要包括换流站保护及直流侧保护两大部分。

4.5.2　MMC - HVDC 系统换流站保护

1. 子模块冗余保护

由上节分析可知，子模块发生故障时，必须要采取冗余保护措施，即用冗余模块代替故障模块，维持系统正常运行。

（1）冗余方案分析。现有冗余方案是在各桥臂中设置一定数量的冗余模块，正常运行时处于冷备用状态，输出为零，不影响系统加入冗余前的运行状态。当有模块发生故障时，旁路掉故障模块的同时，投入冗余模块，替代故障模块，从而保证系统的正常运行。这种方案虽可起到冗余保护的作用，但缺点是冗余模块接入电路时，电容有一个较长时间的充电过程，导致系统故障恢复较慢，限制了其在工程中的应用[18]。

文献［20］提出了一种适用于 STATCOM 的容错控制，本节在其基础上提出了一种子模块冗余保护方案，可缩短故障恢复时间。具体说来：

系统每个桥臂由 $N+N_r$ 个模块构成，其中 N_r 个冗余模块设置在热备用状态，即全部参与系统运行。控制要求冗余设计不改变系统原有运行状态，即直流母线电压仍为 N 倍的子模块电容电压。这时只要保证任意时刻，系统每相有 N 个子模块处于"投入"状态，其余 $N+2N_r$ 个子模块处于切除状态，就可保证系统仍输出 $N+1$ 电平。这样，当子模块故障时，仅需旁路故障模块，将剩余模块参与排序及投切，同时非故障相也无须采取其他动作，即可完成冗余保护，缩短了故障恢复时间，避免对系统造成大的影响。只要每桥臂正常子模块

数大于 N，系统仍能保持正常运行。

上、下桥臂所需投入的模块数仍采用最近电平逼近的调制方式来确定，具体哪些模块投入，仍采用电容电压排序的方法来确定，具体如下。

1）以桥臂为单位，监测各桥臂中子模块电容电压值，并将其在控制器中按照从小（大）到大（小）的顺序排列。

2）测量各桥臂电流方向，确定其对子模块电容是充电还是放电作用。

3）在下次电平跳变时刻，若桥臂电流对电容充电，则投入该桥臂 $N+N_r$ 个子模块中电容电压偏低的子模块；若桥臂电流为放电方向，则投入该桥臂中 $N+N_r$ 个子模块中电容电压偏高的子模块。

与原有运行状态相比，加入冗余之后，仅是改变了参与电容电压排序的子模块个数，对系统的输出并没有影响。但应注意，由于冗余子模块也参与系统的运行，使得开关损耗增加，效率降低。考虑到故障模块数大于冗余模块数造成系统停运的概率较小，可对上述方案进行改进，将冗余模块分成热备用状态与冷备用状态两类。冷备用状态是正常工作时处于旁路状态，不输出电平，对系统原有状态没有任何影响，只有在故障模块多于热备用模块数时，才投运冷备用模块，这样可减小系统的运行损耗。

（2）加入冗余后，MMC 工况分析基于以上分析，根据故障模块数与冗余模块数之间的关系，将 MMC 运行工况分为以下四种。

设系统中每桥臂共有 $N+N_{r1}+N_{r2}$ 个模块，其中 $N_{r1}+N_{r2}$ 为冗余模块，N_{r1} 个设置为热备用，N_{r2} 个为冷备用。

1）当 MMC 运行于工况 1 时，此时所有子模块均正常，换流器正常运行，每桥臂 $N+N_{r1}$ 个子模块参与运行，系统输出 $N+1$ 电平。

2）当 MMC 运行于工况 2 时，有 $N_f \leqslant N_{r1}$。即此时故障模块数未超过热备用冗余模块数，因此只需旁路故障子模块，然后将其余正常子模块投入排序即可。

3）当 MMC 运行于工况 3 时，$N_{r1} < N_f \leqslant N_f + N_{r1}$。即此时发生故障的模块数超过热备用模块数，但尚未超过总的冗余模块。此时，应在旁路故障子模块的同时将冷备用模块投入运行。

4）当 MMC 运行于工况 4 时，$N_{r1} + N_{r2} < N_1$。此时故障模块数超过总的冗余模块数，系统剩余子模块无法支撑系统的正常运行，为保护换流器，系统

应退出运行。

子模块冗余控制框图如图 4 - 19 所示。系统通过检测故障模块数与冗余模块数之间的关系，判断系统的运行工况，进而修正控制变量，实现系统最大限度地运行。

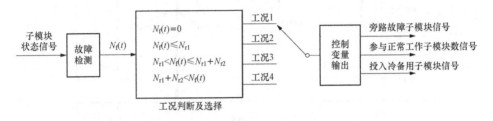

图 4 - 19　子模块冗余控制框图

综上所述，系统的冗余保护方案为：

1）根据系统要求，设置一定比例的热备用与冷备用冗余模块；

2）检测到子模块故障时，将故障子模块旁路；

3）当故障子模块数超过热备用冗余子模块数时，切除故障子模块的同时，投入冷备用子模块；

4）当检测到故障子模块数超过所有冗余模块数时，闭锁换流器，断开交流侧断路器，停止系统运行。

（3）仿真验证及分析。仿真系统上、下桥臂各设置 13 个模块（SM1～SM13），正常工作时，每相投入 10 个模块，系统交流输出电压为 11 电平。每个桥臂设置 3 个冗余模块，其中 2 个处于热备用状态，1 个（SM13）处于冷备用状态。仿真时间节点设置如下：0.3s 时，模拟 a 相上桥臂 SM11 发生故障；0.5s 时模拟 a 相上桥臂 SM12 发生故障；0.75s 时模拟 a 相上桥臂 SM10 发生故障，0.755s 投入模拟 a 相上桥臂 SM13，SM13 经过一个电容充电过程后进入正常运行状态。

整流站三相交流电压、交流电流、直流电压等波形如图 4 - 20 所示。可以看出，0～0.3s，冗余模块的加入并不影响系统原来的正常运行。0.3s 和 0.5s时，故障模块的切除对系统的运行影响很小。0.75s 时，冷备用模块的投入对系统有一定的影响。

所以，此种冗余方案可使系统在少量子模块故障时，缩短恢复正常运行的时间，同时对自身影响也较小。

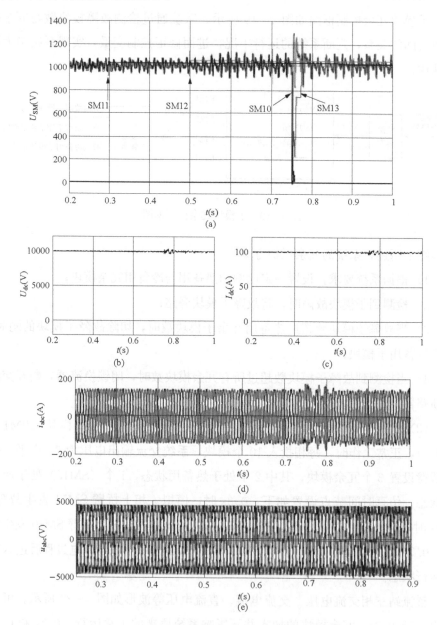

图4-20 子模块故障及冗余保护系统各变量波形（一）

（a）a相上桥臂子模块电容电压；（b）直流电压；（c）直流电流；

（d）交流输出电流；（e）交流相电压

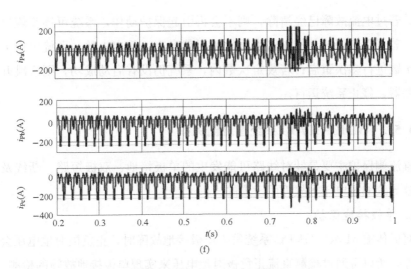

图 4 - 20　子模块故障及冗余保护系统各变量波形（二）

(f) a、b、c 三相上桥臂电流

2. 换流站过电流保护

换流站过电流保护是为了防止换流站中的开关器件因破坏性过电流损坏而采取的措施。通常在严重的交流故障及直流故障下会导致换流站桥臂过电流，若不加以控制，会损坏换流站中昂贵的电力电子器件。一般通过闭锁换流站来进行过电流保护，但换流站闭锁后过电流仍可能流过各模块中的续流二极管。可通过旁路开关（图 4 - 21 中虚线部分）将全部子模块旁路并且在桥臂中串入限流电阻的方式来限制桥臂中的过电流，但旁路开关响应速度较慢，并不能对开关器件进行及时有效的保护[19]。

为了避免换流站闭锁后过电流对二极管的损害，本节利用在子模块输出端并联通流能力较大的晶闸管来实现过电流保护，如图 4 - 21 所示。

系统正常运行时，VT0 处于关断状态，一旦保护监测装置检测到桥臂电流超过最大限定值，立即闭锁换流器，同

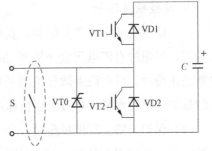

图 4 - 21　过电流保护装置

时触发导通晶闸管 VT0，使大部分电流从 VT0 流过，起到保护二极管的作用。

对于瞬时性故障，换流站闭锁一段时间后，系统会解锁换流站，尝试重新

启动。若过电流故障已经清除，则不会再引起保护动作，系统可逐步恢复正常运行。若仍引起保护动作，则表明故障仍然存在，重启失败，系统可根据事先设定次数进行多次重启；若规定次数内，系统仍没有启动成功，则应跳开交流侧断路器，停止系统运行。

4.5.3 MMC-HVDC 系统直流侧保护

直流侧保护主要是针对线路可能发生的单极接地、双极短路、断线及控制器失效导致的过电压等故障而设置的。

1. 单极接地保护

双极传输 MMC-HVDC 系统发生单极接地故障时，正负极对地电压会产生不对称，所以可通过检测直流正负极对地电压来实现单极接地故障的检测。

MMC-HVDC 系统单极接地故障时，系统各部分不会过流，仅非故障极对地电压和交流侧出口相电压会急剧增大。为保证系统安全，可考虑提高 MMC-HVDC 系统直流线路和交流线路的绝缘水平，使系统能够承受故障时的过电压应力。另外，当接地故障为暂时性故障时，可通过提高交直流线路保护定值使系统实现短时接地故障的不间断运行，提高系统的可利用率。

由于单极接地故障时系统仍可正常输送功率，设备承受的电压应力不大，并不需要采取紧急闭锁等措施。当检测到正、负极对地电压出现严重不对称时，可向运行人员发出警报，提醒运行人员在超出交、直流线路耐压程度之前尽快排除故障[20]。

2. 双极短路保护

（1）检测。从第 3 章分析知，直流侧发生短路时，直流电压会急剧下降到较低值，可通过直流电压微分检测 du/dt 来实现短路故障的检测。为保证检测诊断的正确性，可在设置微分检测的同时设计直流欠压检测，较高的 du/dt 加上较低的欠电压水平，再考虑适当延迟，可以防止暂态电压下的误诊断[21]。

（2）保护策略。双极短路时，会产生严重的过电流现象，必须采取措施限制过电流。从原理上分析，切断短路电流路径的方式有三种。

1）直接跳开直流侧断路器，但实际应用中由于不存在电流过零点，直流断路器灭弧比较困难，制造比较困难，在高压领域尚未有有效应用。

2）闭锁换流器，断开交流侧断路器来切断交流系统与换流站的连接。

3）像传统直流那样利用换流站自身的控制来限制短路电流。

但对于 MMC，故障时交流系统通过二极管与故障点构成能量馈送回路且无法控制。所以，MMC - HVDC 系统在直流侧短路时，只能依靠跳开交流侧断路器来实现短路电流的清除。

但是由于断路器响应速度较慢（最快动作时间为 2～3 个周期），为防止换流器闭锁之后，交流断路器跳开之前的过电流损坏器件，可采取如下的辅助措施：

1）提高器件的额定参数，增大桥臂电抗以限制故障桥臂电流的上升率，但这种方法提高了系统造价，并且过大的电抗器会降低系统正式运行时的反应速度，一般不采用。

2）处理方法同桥臂过电流保护类似，即在各子模块输出端并联一个压封的晶闸管 VT0，如图 4 - 22。正常工作时，VT0 处于关断状态。直流短路时，闭锁换流器的同时触发导通 VT0，利用晶闸管较强的通流能力，使大部分电流通过晶闸管，从而保护续流二极管。

综上所述，当检测装置检测到微分欠压保护时，应立即闭锁换流站，同时触发导通保护用晶闸管，并跳开交流侧断路器，停止系统运行。

（3）保护策略仿真。时间节点设置如下：0.2s 时，系统发生双极短路；0.22s 闭锁换流站，同时触发导通 VT0；0.3s 闭锁换流站。仿真结果如图 4 - 23 所示。由图可知，VT0 导

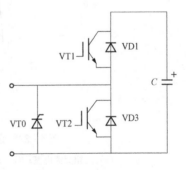

图 4 - 22　保护用晶闸管

通后，电流从 VD2 转移到了 VT0，确实可以起到保护 VD2 的作用。断开交流侧断路器后，切断了交流系统与换流站的连接，交流电流变为零；同时，直流侧能量消耗在桥臂电感上，桥臂电流会逐渐衰减到零。

但是应注意，由于交流断路器的断开，会造成系统的停运，所以这种保护方案对采用电缆传输的场合（电缆故障一般为永久性故障，本身需要停机维修）是适用的；但对于故障率较高的架空线路，即使是瞬时性故障，也会造成系统的停运，严重影响了 MMC - HVDC 系统的可靠性。此外，当 MMC 应用于多端 HVDC 系统时，由于故障无法自清除，一次故障会造成多端 MMC 的停运，

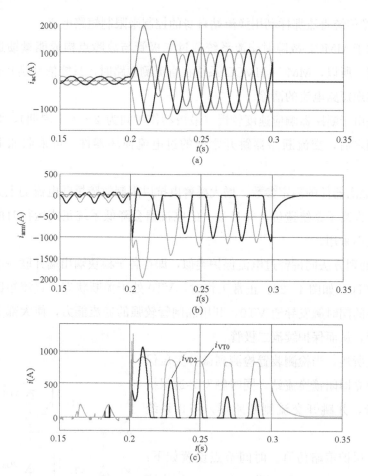

图 4-23 直流双极短路保护整流站波形

(a) 三相交流电流；(b) a 相桥臂电流；(c) 流经 VD2 与 VT0 的电流

会带来更大的损失。所以，应采取其他措施，使系统具有故障自清除能力。

3. 直流过电压保护

当发送端 MMC 采用有功功率控制策略时，在直流线路断线故障和远端逆变站突然闭锁时，会导致直流过电压。本节给出了两种直流过电压抑制策略。

(1) 检测。断线和逆变站闭锁时，功率传输停止，直流电流迅速下降到零。为此，可通过检测直流电流及其微分 di/dt 来实现断线故障的检测，为提高检测的可靠性，同时还应检测直流电压。较高的 di/dt，较低的欠电流和较高的过电压水平，考虑适当延迟，可以防止暂态电压下的误诊断。

（2）保护策略。断线故障一般为永久性故障，当检测到断线故障时，应立即闭锁换流站，但一般来说，换流站闭锁动作时间为 10ms 级，为避免故障在换流站完全闭锁之前对系统造成损害，一般要采取措施来抑制过电压应力。本节给出了两种直流过电压抑制方案。

1）切换工作状态。为抑制过电压，可采用将发送端 MMC 从定有功控制转向定直流电压控制，控制直流电压基本稳定在正常水平。但这种保护策略对控制器的动态跟踪调节能力要求较高，容易出现严重超调过压。从对过电压故障的分析可知，若换流站工作在逆变状态，无论采取何种控制策略，一般直流侧不会产生过电压。所以本文提出了一种故障时改变发送端 MMC 运行状态的过电压保护策略，即在检测到系统直流断线故障后，将发送端 MMC 从整流状态切换为逆变工作，这样可减小交流系统向换流站的功率输送，可有效抑制直流过电压，然后闭锁换流站，达到保护换流站的目的。

2）直流电压钳位装置。为抑制直流侧过电压，也可采用直流电压钳位装置[21]（见图 4 - 24），在直流侧并联一个电阻快速投切装置。通过开关管的开通或关断，来控制直流侧向电阻放电或不放电，达到抑制直流过电压的目的，具体方法如下。

将测量到的直流侧电压 U_{dc} 与设定的直流电压的最高限值 U_{dcmax} 和最低限值 U_{dcmin} 相比较，如果 $U_{dc} \geqslant U_{dcmax}$，则触发导通开关管 VTC，通过电阻放电；若 $U_{dc} < U_{dcmin}$，则关断开关管 VTC，这样就能保证直流侧电压不会超过最大限定值，起到抑制过电压的作用。

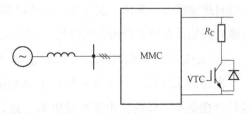

图 4 - 24　直流电压钳位装置

（3）仿真验证。利用第 2 章建立的仿真系统对切换运行状态进行过电压抑制策略进行验证。发送端 MMC 采用定有功控制，接收端采用定直流电压控制。如图 4 - 25 所示，0.2s 时，直流线路断线，发送端 MMC 直流电压升高，交流电流降低；0.25s 时，将发送端转为逆变运行后，子模块电容能量向交流系统回馈，直流电压降低；0.3s 时，闭锁换流站，交流电流变为零，直流电压保持不变。仿真波形表明，断线时将发送端转为逆变运行可以很好地抑制故障产生的直流过电压。

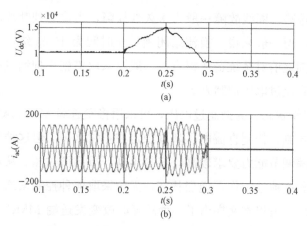

图 4 - 25　断线故障发送端 MMC 仿真波形

（a）直流电压；（b）交流电流

4.5.4　MMC - HVDC 系统交流侧故障保护策略

MMC - HVDC 直流输电系统连接在两个交流系统之间（称这两个交流系统为网侧交流系统）。这样当网侧交流系统发生故障时，可以利用传统交流系统的继电保护策略对系统进行保护。传统的交流系统继电保护与自动重合闸相配合，一般是瞬时故障或者误操作、误动作，先断路器切断线路，然后自动重合闸合闸。若故障时间超过自动重合闸合闸时间，断路器永久切断故障线路直到故障排除。

1. 交流系统单相接地故障保护策略

根据前文所述，当交流系统发生单相接地故障时，滤波电容在故障前后的运行特性是不一样的。由于滤波电容接地，当故障发生时滤波电容接地与故障接地点可以形成闭合的谐振通路，这样会使故障处的相电压含有大量谐波和间歇波，同时直流线路会发生交流偏置对系统的稳定运行造成影响。而滤波电容没有接地点，当发生交流系统单相接地故障时，由于没有形成闭合的谐振回路，所以只会造成直流正负极出现交流偏置。这时，由于中性点发生偏移使非故障相相电压升高为线电压，交流系统需要提高一些设备的绝缘性能，会导致工程的总造价提高。故障保护策略可以设计成当系统发生交流系统单相接地故障时，切断滤波电容接地。对于滤波电容接地的设计，可以参考传统交流系统对变压器中性点是否接地的设计，来设计滤波电容是否接地。交流系统单相接地故障保护流程框图如图 4 - 26 所示。

2. 交流系统相间短路故障保护策略

交流系统发生间短路故障以后，故障相的相电压降为原来的一半，故障相线电流逐渐升高，引起直流系统极间电压升高，造成系统有功功率传输发生波动。可以根据交流系统故障相相电压是否降为一半来判断是否发生交流系统相间短路故障。当判断出系统发生交流系统相间短路故障后，相应的控制保护策略应该断开交流系统并且闭锁换流站，当故障排除以后应当重新启动换流站恢复系统的正常运行。图 4 - 27 为交流系统相间短路故障保护的流程框图。

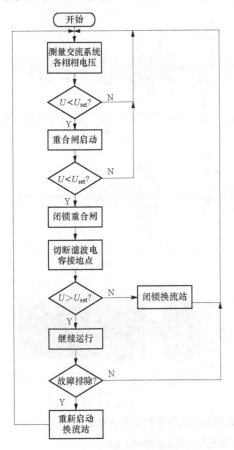

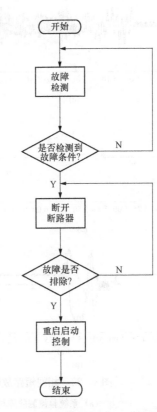

图 4 - 26　交流系统单相接地故障保护流　　图 4 - 27　交流系统相间短路故障保护流
程框图　　　　　　　　　　　　程框图

从图 4 - 28 可以清晰地看到，系统在 5.0s 的时候发生相间短路。在故障发生期间，交流系统故障相相电压下降，同时极间电压发生较大的波动。这些参数的变化造成 MMC - HVDC 系统有功功率传输和无功功率传输发生较大的波动。系统启动保护控制策略，在 5.2s 时系统故障排除，系统级控制重新启动。在 5.75s 时系统各项参数已经恢复到正常运行状态时的稳态运行值，系统几乎恢复正常运行。

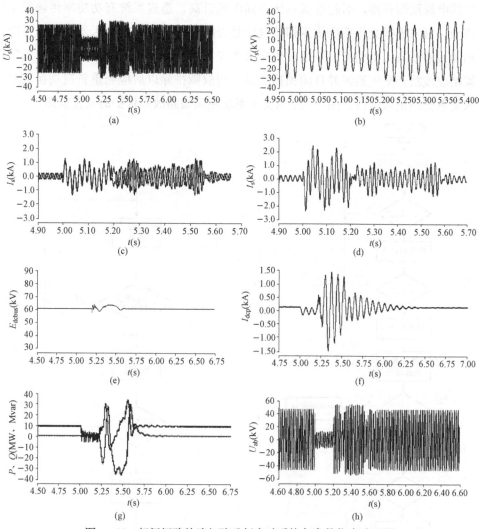

图 4-28　相间短路故障切除重新启动系统各参数仿真波形图

（a）系统整流侧故障相电压；（b）系统整流侧非故障相相电压；

（c）系统整流侧故障相线电流；（d）系统整流侧非故障相线电流；

（e）系统直流线路极间电压；（f）系统直流线路单极电流；

（g）系统有功功率和无功功率；（h）系统整流侧 a、b 相相间电压

3. 交流系统两相接地短路故障保护策略

交流系统发生两相接地短路故障以后，故障相的相电压降为零，故障相线

电流逐渐升高，引起直流系统极间电压升高，造成系统有功功率传输发生波动。根据这些现象，设置保护控制策略。根据前文所述，交流系统相电压降低到原来的一半会启动相间保护控制策略，这时也可以有效的防范两相接地短路故障。所以可以利用相间保护控制策略去保护发生两相接地短路故障的系统。不用重复设计保护控制策略。图 4 - 29 为加入控制保护策略以后系统的波形图。

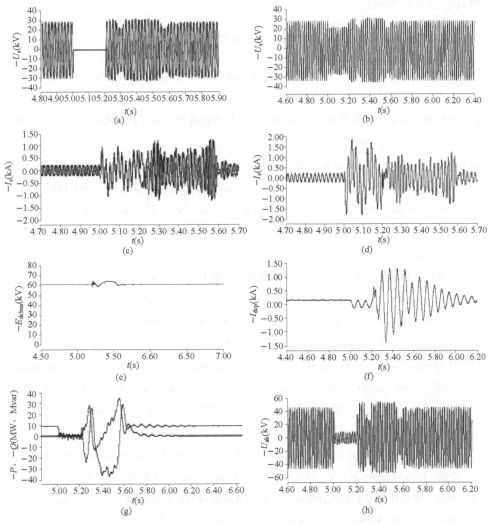

图 4 - 29　两相接地故障切除重新启动系统各参数仿真波形图

(a) 系统整流侧故障相相电压；(b) 系统整流侧非故障相相电压；

(c) 系统整流侧故障相线电流；(d) 系统整流侧非故障相线电流；

(e) 系统直流线路极间电压；(f) 系统直流线路单极电流；

(g) 系统有功功率和无功功率；(h) 系统整流侧 a、b 相相间电压

　　从图 4 - 29 可以清晰地看到，系统在 5.0s 的时候发生两相接地短路故障。在故障发生期间，交流系统故障相相电压下降，同时极间电压发生较大的波动。这些参数的变化造成 MMC - HVDC 系统有功功率传输和无功功率传输发生较大的波动。系统启动保护控制策略，在 5.2s 时候系统故障排除，系统级控制重新启动。在 5.75s 时系统各项参数已经恢复到正常运行状态时的稳态运行值，系统几乎恢复正常运行[22]。

本章参考文献

[1] 李国庆，辛业春，吴学光. 模块化多电平换流器桥臂电流分析及其环流抑制方法 [J]. 电力系统自动化，2014，38 (24)：62 - 67.

[2] 杨晓峰，郑琼林. 基于 MMC 环流模型的通用环流抑制策略 [J]. 中国电机工程学报，2012，32 (18)：59 - 65.

[3] Yang Xiaofeng, Li Jianghong, Wang Xiaopeng, et al. Har - monic Analysis of the DC Capacitor Voltage in ModularMultilevel Converter Based STATCOM [C]. 6th IEEE Conference on Industrial Electronics and Application, Beijing, 2011：2575 - 2579.

[4] 周云. 应用于柔性直流输电系统的模块化多电平换流器的研究 [D]. 长沙：长沙理工大学，2015.

[5] 李金科. 模块化多电平变流器环流控制策略研究 [D]. 北京：北京交通大学，2018.

[6] Antonopoulos A, Angquist L, Nee Hans - Peter. On dynam - ics and voltage control of the Modular Multilevel Convert - er [C]. 13th European Conference on Power Electronics andApplications (EPE), Barcelona, Spain. IEEE, 2009：1 - 10.

[7] Hagiwara M, Maeda R, Akagi H. Theoretical analysis and control of the modular multi-level cascade converter based on double - star chopper - cells (MMCC - DSCC) [C]. 9th In - ternational Power Electronics Conference (IPEC), Sapporo, Japan. IEEE, 2010：2029 - 2036.

[8] Jacobson B, Karlsson P, Asplund G, et al. VSC - HVDCTransmission With Cascaded Two - Level Converters [C]. CIGRE 2010, Paris, France, CIGRE, 2010：B4 - B110.

[9] 蔡洁. 模块化多电平柔性直流输电交流侧故障穿越与控制策略研究 [D]. 长沙：长沙理工大学，2018.

[10] 屠卿瑞，徐政，管敏渊，等. 模块化多电平换流器环流抑制控制器设计 [J]. 电力系统自动化，2010，34 (18)：57 - 61，83.

[11] Ding Guanjun, Tang Guangfu, He Zhiyuan, et al. New tech - nologies of voltage source

converter（VSC）for HVDC trans - mission system based on VSC［C］. IEEE Power and Encr - gy Society General Meeting - Conversion and Delivery of Electrical Energy in the 21st Century. Pittsburgh，USA，2008：1 - 8.

［12］滕松，宋新立，李广凯，等. 模块化多电平换流器型高压直流输电综述［J］. 电网与清洁能源，2012，28（8）：43 - 50.

［13］管敏渊. 基于模块化多电平换流器的直流输电系统控制策略研究［D］. 杭州：浙江大学，2013.

［14］蔡新红. 模块化多电平换流器型直流输电系统控制保护策略研究［D］. 北京：华北电力大学，2014.

［15］邱欣. 模块化多电平高压直流输电系统控制和直流故障保护策略研究［D］. 长沙：长沙理工大学，2017.

［16］TU Q，XU Z. Impact of sampling frequency on harmonic distortion for modular multilevel converter［J］. IEEE Transactions on Power Delivery，2011，26（1）：298 - 306.

［17］Cortes P，Kouro S，Rocca B L，et al. Guidelines for weighting factors design in model predictive control of power converters and drives［C］//IEEE International Conference on Industrial Technology，Gippsland，VIC：IEEE，2009：1 - 7.

［18］唐欣，李建霖，滕本科，等. 提高扰动下 VSC - HVDC 供电电压质量的逆变站控制方法［J］. 电工技术学报，2013，28（09）：112 - 119.

［19］Chung S K. A phase tracking system for three phase utilityinterface inverters［J］. IEEE Transactions on PowerElectronics，2000，15（3）：431 - 438.

［20］Midtsund T，Suul J A，Undeland T. Evaluation of currentcontroller performance and stability for voltage sourceconverters connected to a weak grid［C］//Proceedings ofthe 2010 2nd IEEE International Symposium on PowerElectronics for Distributed Generation Systems（PEDG）. Hefei：IEEE，2010：382 - 388.

［21］Jovcic D，Lamont L A，Xu L. VSC transmission model foranalytical studies［C］//Proceedings of IEEE PowerEngineering Society General Meeting. USA：IEEE，2003.

［22］Zhang L D，Harnefors L，Nee H P. Power - synchronizationcontrol of grid - connected voltage - source converters［J］. IEEE Transactions on Power Systems，2010，25（2）：809 - 820.

第 5 章
MMC‑HVDC 系统交流侧不对称故障控制策略

电力系统在运行过程中，经常会遇到各种不对称运行状况，发生不对称短路故障后会引起电网电压出现三相不对称，三相不对称的电网电压会引起 MMC‑HVDC 系统输出的交流电流三相不对称，甚至有可能出现过电流引起 MMC‑HVDC 系统退出运行，不对称的电压电流会引起有功、无功的波动，影响 MMC‑HVDC 系统的运行性能[1-10]。因此，对交流电网发生不对称故障时 MMC‑HVDC 系统的交流侧电流控制策略进行研究具有重要意义。

交流电网发生不对称故障时，MMC‑HVDC 系统应能继续输送一定的有功功率，当故障清除后，应立即恢复系统原有的有功功率输送。良好的控制策略可以使 MMC‑HVDC 系统在不对称故障下具有良好的运行性能，同时使其所连接的交流系统获得良好的电压、电流。

5.1 交流侧不对称故障下 MMC‑HVDC 系统外部特性分析

5.1.1 MMC‑HVDC 系统交流侧特性分析

MMC 正常运行时，交流电网电压三相对称，如式（5-1）所示，三相电压幅值相同且相位依次滞后 120°。

$$\begin{bmatrix} \dot{U}_{sa} \\ \dot{U}_{sb} \\ \dot{U}_{sc} \end{bmatrix} = \begin{bmatrix} U_{sa} \angle 0° \\ U_{sb} \angle -120° \\ U_{sc} \angle 120° \end{bmatrix} \tag{5-1}$$

式中：U_{sa}、U_{sb}、U_{sc} 分别为交流电网三相电压幅值，三者大小相等。

交流电网发生不对称故障时，三相电压波形不再对称，此时采用对称分量法对其进行分析。对称分量法可将一组不对称的三向量分解为三组对称的相量,即正、负、零序相量。当以 a 相为基准相时,可得到其正、负、零序成分,即

$$
\begin{bmatrix} \dot{U}_{\text{sa}}^{+} \\ \dot{U}_{\text{sa}}^{-} \\ \dot{U}_{\text{sa}}^{0} \end{bmatrix} = \frac{1}{3} \begin{bmatrix} 1 & a & a^2 \\ 1 & a^2 & a \\ 1 & 1 & 1 \end{bmatrix} \begin{bmatrix} \dot{U}_{\text{sa}} \\ \dot{U}_{\text{sb}} \\ \dot{U}_{\text{sc}} \end{bmatrix} = \frac{1}{3} \begin{bmatrix} U_{\text{sa}}\angle 0° + U_{\text{sb}}\angle 0° + U_{\text{sc}}\angle 0° \\ U_{\text{sa}}\angle 0° + U_{\text{sb}}\angle 120° + U_{\text{sc}}\angle -120° \\ U_{\text{sa}}\angle 0° + U_{\text{sb}}\angle -120° + U_{\text{sc}}\angle 120° \end{bmatrix}
$$

$$(5 - 2)$$

U_{sj}^{+}、U_{sj}^{-}、U_{sj}^{0} 分别代表交流电网 j 相正、负、零序电压幅值($j=$a、b、c),运算因子 $a\angle 120°$。交流电压正序成分三相幅值相等,依次滞后 120°。交流电压负序成分三相幅值相等,依次超前 120°。交流电压零序成分三相幅值及相角均相等。根据正、负、零序三相间相位及幅值关系,可得到交流电网另外两相电压的正、负、零序表达式,即

$$
\begin{bmatrix} \dot{U}_{\text{sb}}^{+} \\ \dot{U}_{\text{sb}}^{-} \\ \dot{U}_{\text{sb}}^{0} \end{bmatrix} = \begin{bmatrix} \dot{U}_{\text{sa}}^{+}\angle -120° \\ \dot{U}_{\text{sa}}^{-}\angle 120° \\ \dot{U}_{\text{sa}}^{0}\angle 0° \end{bmatrix}
$$

$$(5 - 3)$$

$$
\begin{bmatrix} \dot{U}_{\text{sc}}^{+} \\ \dot{U}_{\text{sc}}^{-} \\ \dot{U}_{\text{sc}}^{0} \end{bmatrix} = \begin{bmatrix} \dot{U}_{\text{sa}}^{+}\angle 120° \\ \dot{U}_{\text{sa}}^{-}\angle -120° \\ \dot{U}_{\text{sa}}^{0}\angle 0° \end{bmatrix}
$$

$$(5 - 4)$$

当变压器采用 Yd11 连接时,变压器二次侧三相量正序成分超前一次侧 30°,负序成分滞后一次侧 30°,由于 Yd11 连接变压器有隔离零序成分的作用,故变压器二次侧无零序电压。由此可以得到变压器二次侧三相电压的正、负序分量,将三类交流侧不对称故障情况的交流电网电压方程带入,得到三类交流侧不对称故障情况下变压器二次侧的电压正、负序分量 [见式(5 - 5)~式(5 - 7)],其中 K 为变压器变比。

单相接地故障时

$$
\begin{bmatrix} \dot{U}_{\text{a}}^{+} \\ \dot{U}_{\text{b}}^{+} \\ \dot{U}_{\text{c}}^{+} \end{bmatrix} = \frac{2\sqrt{3}}{3} K \begin{bmatrix} U_{\text{sa}}\angle 30° \\ U_{\text{sb}}\angle -90° \\ U_{\text{sc}}\angle 150° \end{bmatrix} \qquad \begin{bmatrix} \dot{U}_{\text{a}}^{-} \\ \dot{U}_{\text{b}}^{-} \\ \dot{U}_{\text{c}}^{-} \end{bmatrix} = \frac{\sqrt{3}}{3} K \begin{bmatrix} U_{\text{sa}}\angle 150° \\ U_{\text{sb}}\angle 270° \\ U_{\text{sc}}\angle 30° \end{bmatrix} \qquad (5 - 5)
$$

两相接地故障时

$$
\begin{bmatrix} \dot{U}_a^+ \\ \dot{U}_b^+ \\ \dot{U}_c^+ \end{bmatrix} = \frac{\sqrt{3}}{3} K \begin{bmatrix} U_{sa}\angle 30° \\ U_{sb}\angle -90° \\ U_{sc}\angle 150° \end{bmatrix} \begin{bmatrix} \dot{U}_a^- \\ \dot{U}_b^- \\ \dot{U}_c^- \end{bmatrix} = \frac{\sqrt{3}}{3} K \begin{bmatrix} U_{sa}\angle -150° \\ U_{sb}\angle -30° \\ U_{sc}\angle -270° \end{bmatrix} \tag{5-6}
$$

两相短路故障时

$$
\begin{bmatrix} \dot{U}_a^+ \\ \dot{U}_b^+ \\ \dot{U}_c^+ \end{bmatrix} = \frac{\sqrt{3}}{2} K \begin{bmatrix} U_{sa}\angle 30° \\ U_{sb}\angle -90° \\ U_{sc}\angle 150° \end{bmatrix} \begin{bmatrix} \dot{U}_a^- \\ \dot{U}_b^- \\ \dot{U}_c^- \end{bmatrix} = \frac{\sqrt{3}}{2} K \begin{bmatrix} U_{sa}\angle -150° \\ U_{sb}\angle -30° \\ U_{sc}\angle -270° \end{bmatrix} \tag{5-7}
$$

由式（5-5）～式（5-7）可以看出，单相接地、两相接地以及两相短路三类交流侧不对称故障最终都会在变压器二次侧产生正序及负序电压，只是幅值相位略有不同。故三类交流侧不对称故障引起直流侧电压及电流二次波动的原因相同，可以用相同的控制策略解决[11-13]。

通过仿真对对称分量法推导结果进行验证。先设定交流三相电压的幅值，此处设为 200V，代入到上述推导过程中，得到单相接地、两相接地以及两相短路三类交流侧不对称故障中变压器二次侧电压方程。

单相接地故障时

$$
\begin{bmatrix} \dot{U}_a \\ \dot{U}_b \\ \dot{U}_c \end{bmatrix} = \frac{\sqrt{3}}{3} \begin{bmatrix} KU_{sa}\sin(\omega t+60°) \\ U_{sb}\sin(\omega t-90°) \\ KU_{sc}\sin(\omega t+120°) \end{bmatrix} = \begin{bmatrix} 115.5\sin(\omega t+60°) \\ 200\sin(\omega t-90°) \\ 115.5\sin(\omega t+120°) \end{bmatrix} \tag{5-8}
$$

两相接地故障时

$$
\begin{bmatrix} \dot{U}_a \\ \dot{U}_b \\ \dot{U}_c \end{bmatrix} = \frac{\sqrt{3}}{3} \begin{bmatrix} 0 \\ KU_{sc}\sin(\omega t+120°) \\ KU_{sb}\sin(\omega t-60°) \end{bmatrix} = \begin{bmatrix} 0 \\ 115.5\sin(\omega t+120°) \\ 115.5\sin(\omega t-60°) \end{bmatrix} \tag{5-9}
$$

两相短路故障时

$$
\begin{bmatrix} \dot{U}_a \\ \dot{U}_b \\ \dot{U}_c \end{bmatrix} = \frac{\sqrt{3}}{2} \begin{bmatrix} 0 \\ KU_{sb}\sin(\omega t-60°) \\ KU_{sc}\sin(\omega t+120°) \end{bmatrix} = \begin{bmatrix} 0 \\ 173.2\sin(\omega t-60°) \\ 173.2\sin(\omega t+120°) \end{bmatrix} \tag{5-10}
$$

图 5‑1 为 MMC 接入交流电网
仿真模型。图 5‑2 为单相接地故障
发生时，交流电网电压和 MMC 交流
侧电压仿真波形。电网 a 相电压 u_{sa}
跌落到零，经过 Y‑△ 连接变压器

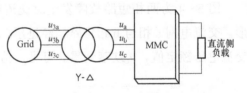

图 5‑1　MMC 接入交流电网仿真模型

后，MMC 交流侧电压 u_a 和 u_c 跌落到 K 倍交流电压额定值，u_b 维持在交流电压
额定值不变。可见，仿真波形与式（5‑8）推导结果相符。

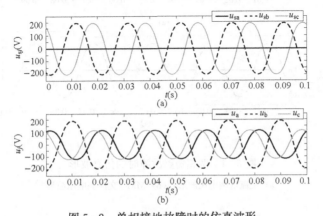

图 5‑2　单相接地故障时的仿真波形

（a）交流电网电压波形；（b）MMC 交流侧电压波形

图 5‑3 为两相接地故障发生时交流电网电压波形和 MMC 交流侧电压波形，
电网电压 u_{sa} 和 u_{sb} 跌落到零，经过星三角变压器后，u_b 和 u_c 跌落到 K 倍交流电
压额定值，u_a 跌落到零。可见，仿真波形与式（5‑9）推导结果相符。

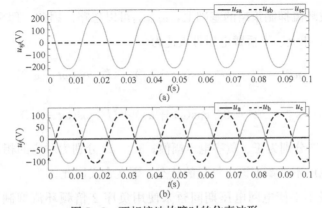

图 5‑3　两相接地故障时的仿真波形

（a）交流电网电压波形；（b）MMC 交流侧电压波形

图 5-4 为两相短路故障发生时交流电网电压波形和 MMC 交流侧电压波形。交流电网 a 相与 b 相短路，经过星三角变压器后，u_b 和 u_c 跌落到 1.5K 倍交流电压额定值，u_a 跌落到零。可见，仿真波形与式（5-10）推导结果相符。

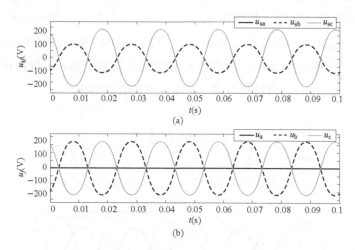

图 5-4 两相短路故障时的仿真波形

（a）交流电网电压波形；（b）MMC 交流侧电压波形

5.1.2 MMC-HVDC 系统直流侧特性分析

根据上、下桥臂参考电压表达式可知，内部电压参考值 $u_{j\text{-ref}}$ 从内环电流控制器中获得，而差分电压参考值 $u_{j\text{diff-ref}}$ 从环流控制器中得到。假设系统存在 Yd 变压器，在电网电压不对称期间，电压参考值 $u_{j\text{-ref}}$ 会包含正、负序两种成分。在不使用谐波环流抑制策略的基础上，$u_{j\text{diff-ref}}$ 可以忽略。因此，理想状态下的 j（j＝a、b、c）相上、下桥臂电压可表达为

$$\begin{cases} u_{ju}^{un} = \dfrac{u_{dc}}{2} - U^+ \cos(\omega t + \alpha_+) - U^- \cos(\omega t + \alpha_-) \\ u_{jl}^{un} = \dfrac{u_{dc}}{2} + U^+ \cos(\omega t + \alpha_+) + U^- \cos(\omega t + \alpha_-) \end{cases} \tag{5-11}$$

式中：U^+、U^- 分别为正、负序电压幅值；α_+、α_- 分别为对应的相角；上标 un 表示在电网电压不平衡下该电气量的状态，下文含义同此。

前文假设不平衡电网电压期间暂未使用负序 2 倍频环流抑制策略，且并网电流中的负序成分没有得到有效的抑制，不平衡电网电压初始阶段，相间

环流的直流成分 $u_{j\text{diff-dc}}$ 仍为直流电流 i_{dc} 的 $1/3$。此时，桥臂电流表达式可以改写为

$$\begin{cases} i_{ju}^{un} = \dfrac{1}{3}i_{dc} + I_2\cos(2\omega t + \varphi_2) + \dfrac{1}{2}I^+\cos(\omega t + \beta_+) + \dfrac{1}{2}I^-\cos(\omega t + \beta_-) \\ i_{jl}^{un} = \dfrac{1}{3}i_{dc} + I_2\cos(2\omega t + \varphi_2) - \dfrac{1}{2}I^+\cos(\omega t + \beta_+) - \dfrac{1}{2}I^-\cos(\omega t + \beta_-) \end{cases}$$

$$(5\text{-}12)$$

式中：I^+、I^- 分别为交流电流中的正负序分量幅值；β_+、β_- 为对应相角。

将式（5‐11）及式（5‐12）代入上、下桥臂瞬时功率表达式（4‐9）和式（4‐10），不平衡电网电压情况下的 j 相桥臂瞬时功率之和 P_j^{un} 可表达为

$$\begin{aligned} p_j^{un} &= u_{ju}^{un}i_{ju}^{un} + u_{jl}^{un}i_{jl}^{un} \\ &= \underbrace{\frac{u_{dc}i_{dc}}{3} - \frac{U^+I^+}{2} - \cos(\alpha_+ - \beta_+) - \frac{U^-I^-}{2}\cos(\alpha_- - \beta_-) - \frac{U^-I^+}{2}\cos(\alpha_- - \beta_+) - \frac{U^+I^-}{2}\cos(\alpha_+ - \beta_-)}_{\text{直流分量}} \\ &\quad + \underbrace{\frac{U^-I^-}{2}\cos(2\omega t + \alpha_- + \beta_-)}_{\text{2倍频正序分量}} - \underbrace{\frac{U^+I^+}{2}\cos(2\omega t + \alpha_+ + \beta_+) + u_{dc}I_2\sin(2\omega t + \varphi_2)}_{\text{2倍频负序分量}} \\ &\quad - \underbrace{\frac{U^-I^+}{2} - \cos(2\omega t + \alpha_- + \beta_+) - \frac{U^+I^-}{2} - \cos(2\omega t + \alpha_+ + \beta_-)}_{\text{2倍频零序分量}} \end{aligned}$$

$$(5\text{-}13)$$

不对称电网条件下的 j 相桥臂瞬时功率表达式（5‐13）表明，功率主要由直流分量和 2 倍频分量组成。式（5‐13）中第一行为直流分量表达式，共由五项组成，其中后两项与相序有关，表明不对称电网电压期间三相瞬时功率的直流成分是不同的。第二行为 2 倍频的正负序分量，第三行为 2 倍频的零序分量。构建三相与直流侧的功率回路，正负序功率波动在三相间抵消，不会出现在直流侧，然而 2 倍频零序分量会流入直流侧。尽管通过内环控制可以消除并网的负序电流，但负序电压的存在必然导致直流侧的 2 倍频功率波动。U^-I^+ 和 U^+I^- 项会随着控制目标不同而改变，但无论在哪种控制目标下，瞬时功率中零序分量所造成的直流侧功率波动必然存在；且在保证并网电流平衡的控制目标下，随着负序电压的增加或者正序电流的增加，会加剧直流侧的波动。

5.2　交流侧不对称故障下 MMC 内部特性分析

5.2.1　子模块电容电压波动及相间环流分析

根据式（5-11）可以得到不对称情况下的上、下桥臂调制函数如下

$$
\begin{cases}
S_{ju}^{un} = \dfrac{1}{2}\left[1 - m^+ \cos(\omega t + \alpha_+) - m^- \cos(\omega t + \alpha_-)\right] \\[2mm]
S_{jl}^{un} = \dfrac{1}{2}\left[1 + m^+ \cos(\omega t + \alpha_+) + m^- \cos(\omega t + \alpha_-)\right]
\end{cases}
\tag{5-14}
$$

式中：m^+、m^- 分别为正、负序电压调制比。

此工况下，流经上、下桥臂模块的平均电流 i_{ju}^{un}、i_{jl}^{un} 可以表示为

$$
\begin{cases}
i_{juc}^{un} = i_{ju}^{un} S_{ju}^{un} = \dfrac{1}{2}(C_0 + C_1 + C_2 + C_3) \\[2mm]
i_{jlc}^{un} = i_{jl}^{un} S_{jl}^{un} = \dfrac{1}{2}(C_0 - C_1 + C_2 - C_3)
\end{cases}
\tag{5-15}
$$

$$
C_0 = \frac{i_{dc}}{3} = \frac{I^+ m^+}{4}\cos(\alpha_+ - \beta_+) - \frac{I^- m^+}{4}\cos(\alpha_+ - \beta_-) - \frac{I^+ m^-}{4}\cos(\alpha_- - \beta_+)
$$

$$
- \frac{I^- m^-}{4}\cos(\alpha_- - \beta_-)
$$

$$
C_1 = \frac{I^+}{2}\cos(\omega t + \beta_+) + \frac{I^-}{2}\cos(\omega t + \beta_-) - \frac{i_{dc} m^+}{3}\cos(\omega t + \alpha_+)
$$

$$
- \frac{i_{dc} m^-}{3}\cos(\omega t + \alpha_-) - \frac{I_2 m^+}{2}\cos(\omega t - \alpha_+ + \varphi_2)
$$

$$
- \frac{I_2 m^-}{2}\cos(\omega t - \alpha_- + \varphi_2)
$$

$$
C_2 = I_2\sin(2\omega t + \varphi_2) - \frac{I^+ m^+}{4}\cos(2\omega t + \alpha_+ + \beta_+) - \frac{I^- m^+}{4}\cos(2\omega t + \alpha_+ + \beta_-)
$$

$$
- \frac{I^+ m^-}{4}\cos(2\omega t + \alpha_- + \beta_+) - \frac{I^- m^-}{4}\cos(2\omega t + \alpha_- + \beta_-)
$$

$$
C_3 = -\frac{I_2 m^+}{2}\cos(3\omega t + \alpha_+ + \varphi_2) - \frac{I_2 m^-}{2}\cos(3\omega t + \alpha_- + \varphi_2)
$$

流入电容的频率为 ω_h（$h=1$、2、3）的谐波电流分量会引起相应频率电容电压波动，即 j 相上、下桥臂模块电压波动表达为

$$\begin{cases} \Delta u_{juc}^{un} = \dfrac{1}{2}\left(\dfrac{C_1}{\omega C} + \dfrac{C_2}{2\omega C} + \dfrac{C_3}{3\omega C} \right) \\[3mm] \Delta u_{jlc}^{un} = \dfrac{1}{2}\left(\dfrac{-C_1}{\omega C} + \dfrac{C_2}{2\omega C} + \dfrac{-C_3}{3\omega C} \right) \end{cases} \tag{5-16}$$

开关动作使存在于子模块的电压波动分量耦合到模块输出侧。上、下桥臂子模块的交流电压波动值可以表示为

$$\begin{cases} \Delta u_{smju}^{un} = s_{ju}^{un}\Delta u_{juc}^{un} = \left(\dfrac{1}{2}\right)^2 \dfrac{1}{\omega C}(D_0 + D_1 + D_2 + D_3 + D_4) \\[3mm] \Delta u_{smjl}^{un} = s_{jl}^{un}\Delta u_{jlc}^{un} = \left(\dfrac{1}{2}\right)^2 \dfrac{1}{\omega C}(D_0 - D_1 + D_2 - D_3 + D_4) \end{cases} \tag{5-17}$$

式中：D_0 为直流成分；$D_h(h=1,2,3)$ 为模块端口电压中的 h 次谐波成分。

偶次分量表达为

$$D_0 = \frac{i_{dc}}{6}[(m^+)^2 + (m^-)^2] - \frac{I^+ m^+}{4} - \cos(\alpha_+ - \beta_+) - \frac{I^- m^-}{4} - \cos(\alpha_- - \beta_-)$$
$$+ \frac{I_2}{2}m^+ m^- \cos(\alpha_+ + \alpha_- - \varphi_2) + \frac{I_{dc}}{3}m^+ m^- \cos(\alpha_+ - \alpha_-) + \frac{I_2}{4}(m^+)^2\cos(\varphi_2 - 2\alpha_+)$$
$$+ \frac{I_2}{4}(m^-)^2 \sin(2\alpha_- - \varphi_2) - \frac{I^-}{4}m^+ \cos(\alpha_+ - \beta_-) - \frac{I^+}{4}m^- \cos(\alpha_- - \beta_+)$$

$$D_2 = \frac{i_{dc}}{3}m^+ m^- \cos(2\omega t + \alpha_+ + \alpha_-) - \frac{I^- m^+}{4} - \cos(2\omega t + \alpha_+ + \beta_-) - \frac{I^+ m^-}{4}\cos(2\omega t + \alpha_- + \beta_+)$$
$$\underbrace{+ \frac{I_2}{3}m^+ m^- \cos(2\omega t - \alpha_+ + \alpha_- + \varphi_2) + \frac{I_2}{12}m^+ m^- \cos(2\omega t + \alpha_+ - \alpha_- + \varphi_2)}_{\text{零序分量}}$$
$$\underbrace{+ \frac{I_2}{12}m^+ m^- \cos(2\omega t + \alpha_+ - \alpha_- + \varphi_2) + \frac{1}{6}i_{dc}(m^-)^2\cos(2\omega t + 2\alpha_-) + \frac{I^-}{4}m^- \cos(2\omega t + \alpha_- + \beta_-)}_{\text{正序分量}}$$
$$\underbrace{+ \left[\frac{(m^+)^2}{3} - \frac{(m^-)^2}{12} + \frac{m^+ m^-}{4}\right]I_2\cos(2\omega t + \varphi_2) + \frac{1}{6}i_{dc}(m^+)^2\cos(2\omega t + 2\alpha_+) - \frac{1}{4}I^+ m^+ \cos(2\omega t + \alpha_+ + \beta_+)}_{\text{负序分量}}$$

$$D_4 = \underbrace{\frac{1}{6}I_2 m^+ m^- \cos(4\omega t + \alpha_+ + \alpha_- + \varphi_2)}_{\text{负序分量}} + \underbrace{\frac{1}{12}I_2(m^-)^2 \sin(4\omega t + 2\alpha_- + \varphi_2)}_{\text{零序分量}} + \underbrace{\frac{1}{12}I_2(m^+)^2 \cos(4\omega t + 2\alpha_+ + \varphi_2)}_{\text{正序分量}}$$

因此，整个桥臂电压波动值 Δu_j^{un} 表达为

$$\Delta u_j^{un} = \sum_{x=1}^{N}\Delta u_{smju}^{un} + \sum_{x=1}^{N}\Delta u_{smjl}^{un} = N\Delta u_{smju}^{un} + N\Delta u_{smjl}^{un} \tag{5-18}$$
$$= \frac{N}{4\omega C}(D_0 + D_2 + D_4)$$

通过推导结果可以了解，电网电压不平衡情况下，同一相上、下桥臂模块电压波动的偶次分量相同，奇次分量互补。因此，整个桥臂模块电压波动之和将只含有偶次分量，此时环流可以表示为

$$i_{j\mathrm{diff}}^{\mathrm{un}} = \sum_{h=1}^{n} \frac{\Delta u_j^{\mathrm{un}}(\omega_h)}{2h\omega L} \tag{5-19}$$

通过观察函数 D_0、D_2、D_4 可以发现，不平衡后的模块电压波动和桥臂环流仍是偶次分量，且以 2 次分量为主。子模块的波动成分及环流成分将不再是单纯的负序分量，由于不平衡导致的负序电压 U^- 的存在，将产生零序及正序环流。即使通过内环控制和负序 2 倍频环流抑制技术使负序电流和 2 倍频环流控制为零，但正序、零序谐波环流同样无法完全被消除，且随着负序电压的改变，谐波环流成分也将随之改变。三相的零序环流将流入直流侧，造成直流侧电流的 2 次脉动，与上一节的直流侧功率波动相符。因此，在电网电压不平衡的情况下为避免相间谐波环流可能造成的桥臂过流及直流电流波动，有效的谐波环流抑制策略需要进一步研究。

5.2.2　模块化多电平换流器内部能量流动分析

忽略损耗，根据能量守恒定律，可得到 MMC 功率关系为

$$P_{j\_\mathrm{g}} = P_{j\_\mathrm{dc}} + P_{j\_\mathrm{u}} + P_{j\_\mathrm{l}} \tag{5-20}$$

式中：P_{j_g} 为 MMC 由交流侧吸收的一个周期平均有功功率；P_{j_dc} 为 MMC 输出到直流侧的一个周期平均有功功率；P_{j_u} 和 P_{j_l} 分别为 MMC 上、下桥臂一个周期平均有功功率。

正常工作时，忽略器件损耗，即 MMC 上、下桥臂有功功率为零，则 MMC 由交流侧吸收的有功功率 P_{j_g} 与输出到直流侧的有功功率 P_{j_dc} 相等（以整流端为例，逆变端同理），关系式如式（5-21）所示，其中 T 为周期。

$$P_{j\_\mathrm{g}} = P_{j\_\mathrm{dc}} = \frac{1}{T}\int_0^T u_{\mathrm{v}j} i_j \mathrm{d}t = \frac{1}{T}\int_0^T U_{\mathrm{dc}} i_{j\_\mathrm{dc}} \mathrm{d}t \tag{5-21}$$

交流侧电压不平衡条件下，由式（5-21）可知，忽略 MMC 器件损耗，交流侧三相有功功率 P_{j_g} 与换流器三相桥臂输出到直流侧的有功功率 P_{j_dc} 相等，由于交流侧三相电压 $u_{\mathrm{v}j}$ 发生不平衡，导致交流侧三相电流 i_j 不平衡，其关系为

$$\begin{cases} P_{j\_g} = P_{j\_dc} \\ u_{ta} \neq u_{tb} \neq u_{tc} \end{cases} \Rightarrow \quad i_a \neq i_b \neq i_c \qquad (5-22)$$

若控制交流侧三相电流对称，由于三相电压不对称，则换流器三相桥臂由交流侧吸收的有功功率 P_{j_g} 将会不对等，从而存在如下关系

$$P_{a\_g} \neq P_{b\_g} \neq P_{c\_g} \qquad (5-23)$$

结合式（5-14）和式（5-16）分析可知，若不调节 MMC 输出到直流侧功率在三相桥臂的分布，会导致换流器内部能量的失衡，因此在保证 MMC 各相桥臂吸收与输出功率平衡的前提下，通过调整三相桥臂电流直流母线电流分量 i_{j_dc} 在 MMC 三相桥臂间的分布，控制换流器与直流侧及各桥臂间的功率交换，可实现交流侧三相电流对称。

桥臂电流的直流母线电流分量 i_{j_dc}（暂态运行时不是直流母线电流的 1/3）通过直流线路构成回路，是直流输电的工作电流，两者间的关系为

$$P_{a\_b} = P_a - P_b, \quad P_{a\_c} = P_a - P_c, \quad P_{sum} = \sum_{k=a,b,c} P_k \qquad (5-24)$$

$$P_j \approx U_{dc} i_{j\_dc} \qquad (5-25)$$

式中：P_{sum} 为换流器和直流侧间所需的总功率交换值；P_{a_b}、P_{a_c} 分别为 a 相和 b 相桥臂间及 a 相和 c 相桥臂间所需的功率交换值。

由式（5-24）和式（5-25）可推出 i_{j_dc} 与 P_{sum}、P_{a_b}、P_{a_c} 之间关系为

$$\begin{bmatrix} i_{a\_dc} \\ i_{b\_dc} \\ i_{c\_dc} \end{bmatrix} = \frac{1}{3U_{dc}} \begin{bmatrix} 1 & 1 & 1 \\ 1 & -2 & 1 \\ 1 & 1 & -2 \end{bmatrix} \begin{bmatrix} P_{sum} \\ P_{a\_b} \\ P_{a\_c} \end{bmatrix} \qquad (5-26)$$

由式（5-26）分析可知，可以通过控制换流器内部各桥臂电流的直流分量 i_{j_dc}，调节直流母线功率在各相间的分布，可实现在维持交流侧三相电流对称的同时，保证 MMC 三相间的能量平衡。

考虑到工程实际中换流器上、下桥臂存在的差异，则可以通过调节 MMC 上、下桥臂电流的交流环流分量 i_{zj} 分量，从而实现 MMC 上、下桥臂的能量平衡，表达为

$$P_{j\_u\_l} = P_{j\_u} - P_{j\_l} = \frac{1}{T} \int_0^T 2u_{tj} i_{zj} \, \mathrm{d}t \qquad (5-27)$$

式中：$P_{j\_u\_l}$ 为 MMC 各相上、下桥臂所需的功率交换。

综上所述，通过调节桥臂电流的各电流分量可调节直流母线功率在 MMC

三相间的分布以及上、下桥臂间的交流有功交换。对于如何控制 MMC 三相间的功率交换及各相上、下桥臂的交流有功交换将在接下来的章节中详细阐述。

5.3　交流侧不对称故障下 MMC - HVDC 系统稳态运行范围分析

为了对三相不对称情况下的 MMC - HVDC 系统稳态运行范围进行分析，本节首先介绍基于三相不对称情况下 MMC - HVDC 系统的数学模型，分析交流系统三相不对称时，影响 MMC - HVDC 系统稳态运行范围的约束条件会发生何种变化，并加以修正。在求得修正后的约束条件的基础上，在 MATLAB 中编写逐点扫描法与解析法画图程序，在 PQ 平面上作出 MMC - HVDC 系统的运行范围[15]。

与三相对称情况相比，由于连接变压器阀侧此时多出了负序分量，各点有功功率和无功功率的表达式也会发生相应的改变。在交流系统三相对称时，连接变压器阀侧有功功率和无功功率只含有直流分量；而当交流系统三相不对称时，阀侧的有功功率和无功功率除了含有直流分量之外，还含有 2 倍频波动分量，其表达为

$$P = P_0 + P_{s2}\sin(2\omega t) + P_{c2}\cos(2\omega t)$$
$$Q = Q_0 + Q_{s2}\sin(2\omega t) + Q_{c2}\cos(2\omega t)$$

式中：P_0 和 Q_0 以分别为有功和无功功率的直流分量；P_{s2} 和 Q_{s2} 为有功功率和无功功率的正弦 2 倍频分量幅值；P_{c2} 和 Q_{c2} 分别为有功功率和无功功率的余弦 2 倍频分量幅值。

将各分量用功率测量点的电压、电流正负序 d、q 轴分量表示，结果为

$$P_0 = \frac{3}{2}\begin{bmatrix} u_d^+ & u_q^+ & u_d^- & u_q^- \end{bmatrix}\begin{bmatrix} i_d^+ \\ i_q^+ \\ i_d^- \\ i_q^- \end{bmatrix} \tag{5-28}$$

$$Q_0 = \frac{3}{2}\begin{bmatrix} u_q^+ & -u_d^+ & u_q^- & -u_d^- \end{bmatrix}\begin{bmatrix} i_d^+ \\ i_q^+ \\ i_d^- \\ i_q^- \end{bmatrix} \tag{5-29}$$

$$P_{s2} = \frac{3}{2} \begin{bmatrix} u_q^- & -u_d^- & -u_q^+ & u_d^+ \end{bmatrix} \begin{bmatrix} i_d^+ \\ i_q^+ \\ i_d^- \\ i_q^- \end{bmatrix} \qquad (5-30)$$

$$Q_{s2} = \frac{3}{2} \begin{bmatrix} -u_d^- & -u_q^- & u_d^+ & u_q^+ \end{bmatrix} \begin{bmatrix} i_d^+ \\ i_q^+ \\ i_d^- \\ i_q^- \end{bmatrix} \qquad (5-31)$$

$$P_{c2} = \frac{3}{2} \begin{bmatrix} u_d^- & u_q^- & u_d^+ & u_q^- \end{bmatrix} \begin{bmatrix} i_d^+ \\ i_q^+ \\ i_d^- \\ i_q^- \end{bmatrix} \qquad (5-32)$$

$$Q_{c2} = \frac{3}{2} \begin{bmatrix} u_q^- & -u_d^- & u_q^+ & u_d^+ \end{bmatrix} \begin{bmatrix} i_d^+ \\ i_q^+ \\ i_d^- \\ i_q^- \end{bmatrix} \qquad (5-33)$$

式中：u 和 i 分别为功率测量点的电压和电流；下标 d 和 q 分别为 d 轴和 q 轴分量；上标"＋"和"－"分别表示正序和负序分量。

相比直流分量而言，2 倍频分量幅值很小，本文在考虑 MMC 稳态运行范围时将其忽略，只对功率直流分量的运行范围进行分析，即 P_0、Q_0 的范围。

在交流系统三相不对称的情况下，MMC - HVDC 系统采用正负序控制来抑制阀侧的负序电流，因此可以认为线路上将没有负序电流。将 MMC - HVDC 系统分为正序系统和负序系统，对于负序系统而言，由于没有负序电流的存在，全线路上不产生负序电压降，即全线路负序电压保持不变。所以，P_0、Q_0 必可分别表示为

$$P_0 = \frac{3}{2}(u_d^+ i_d^+ + u_q^+ i_q^+) \qquad (5-34)$$

$$Q_0 = \frac{3}{2}(u_q^+ i_d^+ - u_d^+ i_q^+) \qquad (5-35)$$

由式（5-34）和式（5-35）可知，P_0、Q_0 仅与正序分量有关，负序分量

并不会直接出现在有功功率和无功功率的表达式中。

对于电压而言，当交流系统三相不对称时，连接变压器阀侧的电压变为正序分量与负序分量的叠加，为了使系统的交流电压仍不越线，正序电压的允许变化范围将减小，从而使得有功功率和无功功率的运行范围减小。本节对三相不对称情况下 MMC-HVDC 系统稳态运行范围的分析将以此为基础进行。

先对三相不对称时交流母线 PCC 点处的电压变化进行分析。设 U_{PCC}^+ 为 PCC 点处电压正序分量幅值，用一个系数 k 表示电压负序分量幅值与正序分量的幅值的比值，即 $U_{PCC}^- = KU_{PCC}^+$。将 k 定义为交流系统三相不对称时的不对称度，则交流母线 PCC 点处的三相电压可表示为

$$\begin{cases} U_{PCC.a} = U_{PCC}^+ \sin(\omega t) + kU_{PCC}^+ \sin(\omega t + \varphi^-) \\ U_{PCC.b} = U_{PCC}^+ \sin(\omega t - 2\pi/3) + kU_{PCC}^+ \sin(\omega t + \varphi^- + 2\pi/3) \quad (5-36) \\ U_{PCC.c} = U_{PCC}^+ \sin(\omega t + 2\pi/3) + kU_{PCC}^+ \sin(\omega t + \varphi^- - 2\pi/3) \end{cases}$$

式中：$U_{PCC.j}$ 为 j 相电压（j＝a、b、c）；U_{PCC}^+ 为交流母线电压正序分量幅值；φ^- 为交流母线电压负序分量的相角。

可见，PCC 点处电压的三相表达式中，每相均由正序项与负序项组成，根据辅助角公式［式（5-1）］，式（5-36）简化为

$$\begin{cases} U_{PCC.a} = \sqrt{k^2 + 2k\cos\varphi^- + 1}\, U_{PCC}^+ \sin\left[\omega t + \arctan\left(\frac{k\sin\varphi^-}{1 + k\cos\varphi^-}\right)\right] \\ U_{PCC.b} = \sqrt{k^2 + 2k\cos(\varphi^- - 2\pi/3) + 1}\, U_{PCC}^+ \sin\left\{\omega t + \arctan\left[\frac{-\sqrt{3}/2 + k\sin(\varphi^- + 2\pi/3)}{-1/2 + k\cos(\varphi^- + 2\pi/3)}\right]\right\} \\ U_{PCC.c} = \sqrt{k^2 + 2k\cos(\varphi^- + 2\pi/3) + 1}\, U_{PCC}^+ \sin\left\{\omega t + \arctan\left[\frac{\sqrt{3}/2 + k\sin(\varphi^- - 2\pi/3)}{-1/2 + k\cos(\varphi^- - 2\pi/3)}\right]\right\} \end{cases}$$

$$(5-37)$$

由式（5-37）可知，交流系统三相不对称时，负序分量的幅值和相角都会对 PCC 点处电压产生影响。

实际系统中，发生不对称故障时电压正负序分量的形式种类繁多，无法统一，本文对其做出一种假设作为研究对象，来研究交流系统三相不对称时的 MMC-HVDC 系统稳态运行范围，并确定通用的求解方法，使之可以适应其他情况。

假设交流系统对称时，交流母线电压的幅值为 U_{PPC}，而当交流系统发生不对称故障时，正序电压幅值减小。

现考虑不对称电压形式，该形式下正序分量幅值减小后交流母线三相电压中，幅值最大的一相其幅值仍保持为 U_{PPC}，即

$$\begin{cases} k_{PCC} = \max\{ \sqrt{k^2 + 2k\cos\varphi + 1}, \sqrt{k^2 + 2k\cos(\varphi - 2\pi/3) + 1}, \sqrt{k^2 + 2k\cos(\varphi + 2\pi/3) + 1} \} \\ U_{PCC}^+ = U_{PCC}/K_{PCC} \end{cases}$$

$$(5 - 38)$$

5.3.1　三相不对称情况下影响 MMC - HVDC 系统稳态运行范围的约束条件

交流系统三相不对称时，MMC - HVDC 系统采用对称分量控制策略，连接变压器阀侧的负序电流可以认为被抑制到零，而负序电压则会存在于整个阀侧电路当中。

（1）换流器容量约束。由于换流器由桥臂电抗器、IGBT、反并联二极管和子模块电容等组成，其自身存在容量限制，MMC - HVDC 系统的稳态运行范围必须在此容量范围内取得，其对于 MMC - HVDC 系统稳定运行范围的影响可以归纳为

$$P_v^2 + Q_v^2 \leqslant S_{vN}^2 \qquad (5 - 39)$$

由于 S_{vN} 只取决于换流器自身的特性，与交流系统三相是否对称没有关系，所以该约束条件不变。

（2）电压稳定性约束。MMC 换流器实际交流出口 v 的功率仍然作为研究对象被提前给定，而对于交流母线 PCC 点处的电压，则假设已知其在交流系统三相对称时的电压 U_{PPC} 作为三相不对称时的电压最大一相的幅值，并且给定不平衡度 k 则通过式（5 - 36）和式（5 - 37）即可计算得到交流系统在不平衡度为 k 时，交流母线 PCC 点处的正负序电压。

在上述已知条件的基础上，对换流器实际交流出口 v 点，列写其电压正序分量 $\dot{U}_v^+$ 的方程，即

$$\dot{U}_v^+ + \dot{I}^+ Z = \dot{U}_{PCC}^+ \qquad (5 - 40)$$

式中：Z 为线路单相阻抗，$Z = jX_T$；$\dot{I}^+$ 为交流电流正序分量；$\dot{U}_{PCC}^+$ 为交流母线 PCC 点处电压正序分量，此时 $\dot{U}_{PCC}^+$ 的幅值 U_{PCC} 与 U_{PPC} 不再相等，而是按照式（5 - 38）的方式进行变化。

进而可得

$$U_{vd}^{+2} + U_{vq}^{+2} + \frac{Q_v}{3}X_T - U_{PCC}^+ U_{vd}^+ + j\frac{P_v}{3}X_T + jU_{PCC}^+ U_{vq}^+ = 0 \qquad (5 - 41)$$

可简化为

$$
\begin{cases}
U_{vd}^{+2} + U_{vq}^{+2} + (Q_v/3)X_T - U_{PCC}^+ U_{vd}^+ = 0 \\
(P_v/3)X_T + U_{PCC}^- U_{vq}^+ = 0
\end{cases}
\tag{5-42}
$$

MMC 工作在稳定运行范围内时，换流站出口电压 U_v^+ 一定存在，即式（5-42）中 U_{vd}^+、U_{vq}^+ 一定有解。观察式（5-42）可知，由一次方程决定，故 U_{vq}^+ 一定有解存在；而 U_{vd}^+ 则由一元二次方程决定，是否存在实数解需要判断。因此其约束条件为

$$
\Delta = U_{PCC}^{+2} - 4\left[\left(-\frac{P_v X_T}{3U_{PCC}^+}\right)^2 + \frac{Q_v}{3}X_T\right] \geqslant 0
\tag{5-43}
$$

若上述约束条件存在，则可分别求出 U_{vq}^+ 和 U_{vd}^+ 为

$$
\begin{cases}
U_{vd}^+ = \dfrac{U_{PCC}^+ \pm \sqrt{\Delta}}{2} \\
U_{vq}^+ = -\dfrac{P_v X_T}{3U_{PCC}^+}
\end{cases}
\tag{5-44}
$$

上述约束建立的基础为，交流三相对称时 PPC 点电压的相角为 $\angle \delta_{PCC} = 0$，而在交流三相不对称时，其正序分量的相角为 $\angle \delta_{PCC}^+ = 0$。由此，换流器交流出口 v 点的电压正序分量值 U_v^+ 亦可确定。

（3）连接变压器最大容量约束。与交流系统三相对称时相同，连接变压器也存在容量限制，其对于 MMC-HVDC 系统稳定运行范围的影响可以归纳为

$$
P_{PCC}^2 + Q_{PCC}^2 \leqslant S_{PCC}^2
\tag{5-45}
$$

将其用换流器实际交流出口 v 点功率表示，可得对应关系为

$$
\begin{cases}
P_{PCC}/3 = P_v/3 \\
Q_{PCC}/3 = Q_v/3 + \dfrac{(P_v/3)^2 + (Q_v/3)^2}{U_v^{+2}}X_T
\end{cases}
\tag{5-46}
$$

所以，其约束条件可进一步写为

$$
P_v^2 + \left(Q_v + \frac{P_v^2 + Q_v^2}{3U_v^{+2}}X_T\right)^2 \leqslant S_{PCCN}^2
\tag{5-47}
$$

（4）额定交流电流约束。仍设交流额定电流为 I_{vN}，在 MMC-HVDC 运行范围内的功率运行点所对应的交流电流均不应超过 I_{vN}。交流额定电流为 I_{vN}，在此处认为与前述系统三相对称时相同，而系统三相不对称时，由于采取了正负序电流控制，负序电流被抑制，可以认为交流系统中只存在正序电流。

可以将交流电流的约束条件转化为用换流站功率表示为

$$\mathrm{abs}\left[\frac{P_{\mathrm{v}}/3+\mathrm{j}(Q/3)}{U_{\mathrm{vd}}^{-}+\mathrm{j}U_{\mathrm{vq}}^{+}}\right]\leqslant I_{\mathrm{vN}} \tag{5-48}$$

式中：abs 为取绝对值运算符号。

5.3.2　三相不对称情况下 MMC - HVDC 系统稳态运行范围的求解

首先用逐点扫描法在 MATLAB 中绘制 PQ 平面上的 MMC - HVDC 系统的稳态运行范围；再利用解析法在 MATLAB 中画出 PQ 平面上 MMC - HVDC 系统稳态运行范围的边界。

（1）逐点扫描法求解三相不对称情况下 MMC - HVDC 系统稳态运行范围。在求得三相不对称情况下影响 MMC - HVDC 系统稳态运行范围的约束条件之后，根据这些约束条件编写逐点扫描法求解运行范围的程序，该程序的求解步骤如下：

1）已知 MMC - HVDC 系统的额定视在功率 S_{vN}，取 $P_{\mathrm{v}}^{2}+Q_{\mathrm{v}}^{2}\leqslant S_{\mathrm{vN}}^{2}$ 的范围，将其划分成众多小区域，将每一块小区域用域内的一个功率运行点（$P_{\mathrm{v}}+\mathrm{j}Q_{\mathrm{v}}$）近似代替，对于该范围内划分出的所有小区域，循环下述操作直到遍历完所有区域。

2）按照式（3-56）至式（3-57）求解 v 点电压的正序分量，若 v 点电压正序分量无解，则说明 MMC - HVDC 系统不能运行在该功率运行点，舍弃该功率运行点；若 v 点电压正序分量有解，则说明该功率运行点满足电压稳定性约束等，继续进行判断。

3）在计算得到 v 点电压之后，结合已知条件计算出系统中各点的电压正序分量和线路电流正序分量，并计算出在全线路上保持不变的电压负序分量，以及 PCC 点处的功率，分别判断交流侧电流、输出电压调制比以及 PCC 点处的功率是否越限。若存在不满足的约束条件，则舍弃该功率运行点，若全部满足，则继续下一步操作。

4）将满足各约束条件的功率运行点记录在 PQ 平面上，若所有功率点遍历尚未完成则选取下一功率运行点返回到 2）步操作；若遍历完成则完成求解。

（2）解析法求解三相不对称情况下 MMC - HVDC 系统稳态运行范围。在前述中已经用逐点扫描法求解出三相不对称情况下的 MMC 稳态运行范围。用逐点扫描法得到的运行范围无法准确知晓每段边界对应何种约束，为后续控制器设计造成困难。为了解决这一问题，还需用解析法求解三相不对称情况下 MMC

稳态运行范围。对于各约束条件而言，写出其关于 P_v、Q_v 的显函数表达式是比较困难的，因此只根据约束条件分析中的推导求解出其隐函数表达式，再在 MAT-LAB 中画出隐函数对应的曲线，与逐点扫描法求解得到的结果相对比即可。

5.4 交流侧不对称故障下 MMC - HVDC 系统控制策略

5.4.1 直接抑制负序电流控制策略

MMC - HVDC 系统输电系统交流侧发生不对称故障时，系统内会有负序分量出现，影响系统的安全稳定运行，因此一般的控制方法直接对负序分量进行抑制，在直接电流控制的内环电流控制部分增加了一个负序电流抑制环节，将负序电流的参考值均设为零，从而对负序电流进行抑制。但是由 5.3 节分析可知，交流侧不对称故障期间，MMC 内部工作状态也发生变化，而该方法无法对 MMC 内部的安全稳定运行进行有效的控制，只能通过补充其余的控制环节对内部进行控制，极大增加了控制系统的复杂度。

直接抑制负序电流的控制电路如图 5-5 所示。图中包含正序系统和负序系统的控制。正序系统控制通过外环控制器给定电流参考值，使交流三相电流追踪其参考值，增加了限幅环节，防止系统工作在安全裕度外；负序系统控制直接将参考值设为零，从而对系统内的负序分量进行抑制。正序系统控制和负序系统控制的输出量进行叠加将得到调制信号，并通过调制策略和均压算法得到门极触发信号。

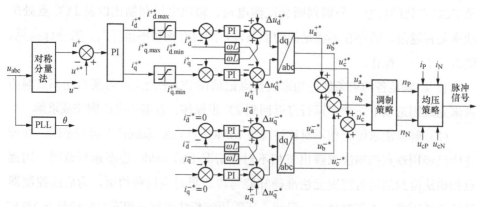

图 5-5 直接抑制负序电流的控制电路

5.4.2　基于补偿原理的 MMC - HVDC 系统不对称故障控制策略

1. 不对称故障下 MMC 内部动态特性

当电网发生不对称故障时，电网中会出现正序、负序、零序分量。本节对电网侧发生不对称故障时的 MMC 各桥臂瞬时功率进行分析，以此来确定对不对称故障下直流电压稳定的控制。

以 a 相为例，不对称故障下，换流器的交流侧输出电压不仅只有正序分量，还有一定的负序分量，则上、下桥臂的瞬时功率 P_{Pa} 和 P_{N2} 分别为

$$\begin{cases} P_{\mathrm{Pa}} = \left[\dfrac{U_{\mathrm{dc}}}{2} - (u_{\mathrm{va}}^+ + u_{\mathrm{va}}^-) \right] \left(\dfrac{I_{\mathrm{dc}}}{3} + \dfrac{i_{\mathrm{a}}^+}{2} \right) \\ P_{\mathrm{Na}} = \left[\dfrac{U_{\mathrm{dc}}}{2} + (u_{\mathrm{va}}^+ + u_{\mathrm{va}}^-) \right] \left(\dfrac{I_{\mathrm{dc}}}{3} - \dfrac{i_{\mathrm{a}}^+}{2} \right) \end{cases} \tag{5-49}$$

式中：u_{va}^+、u_{va}^- 分别为换流器交流侧 a 相输出电压的正序、负序分量；i_{a}^+ 为交流系统 a 相输入电流的正序分量。

桥臂电流由直流电流、换流器交流侧输出电流、内部环流三种电流成分构成。对于桥臂电流的表达式，本文忽略了内部环流，电网不对称故障下，换流器交流侧输出电流也可以分解为正序和负序分量。本节以抑制负序电流为前提，分析桥臂瞬时功率的成分来确定稳定直流电压的方法，所以桥臂电流的表达式中忽略了负序分量。令

$$\begin{cases} u_{\mathrm{va}}^+ = U^+ \sin(\omega_0 t + \theta^+) \\ u_{\mathrm{va}}^- = U^- \sin(\omega_0 t + \theta^-) \\ i_{\mathrm{a}}^+ = I^+ \sin(\omega_0 t + \varphi^+) \end{cases} \tag{5-50}$$

式中：U^+、U^- 分别为换流器交流侧输出电压正、负序分量的幅值；θ^+、θ^- 分别为换流器交流侧输出电压正、负序分量的初相角；I^+ 为交流系统电流正序分量的幅值；φ^+ 为交流系统正序电流分量的初相角；ω_0 为交流系统的角频率。

联立式 (5-49) 和式 (5-50) 可得 a 相瞬时功率 P_{a} 为

$$P_{\mathrm{a}} = \frac{U_{\mathrm{dc}} I_{\mathrm{dc}}}{3} - \frac{1}{2} U^+ I^+ \cos(\theta^+ - \varphi^+) - \frac{1}{2} U^- I^+ \cos(\theta^- - \varphi^+) +$$

$$\frac{1}{2} U^+ I^+ \cos(2\omega_0 t + \theta^+ + \varphi^+) + \frac{1}{2} U^- I^+ \cos(2\omega_0 t + \theta^- - \varphi^+)$$

$$\tag{5-51}$$

同理可得 b、c 两相的瞬时功率为

$$P_{b} = \frac{U_{dc}I_{dc}}{3} - \frac{1}{2}U^{+} I^{+} \cos(\theta^{+} - \varphi^{+}) -$$

$$\frac{1}{2}U^{-} I^{+} \cos(\theta^{-} - \varphi^{+} - 120°) +$$

$$\frac{1}{2}U^{+} I^{+} \cos(2\omega_0 t + \theta^{+} + \varphi^{+} + 120°) +$$

$$\frac{1}{2}U^{-} I^{+} \cos(2\omega_0 t + \theta^{-} - \varphi^{+}) \tag{5-52}$$

$$P_{c} = \frac{U_{dc}I_{dc}}{3} - \frac{1}{2}U^{+} I^{+} \cos(\theta^{+} - \varphi^{+}) -$$

$$\frac{1}{2}U^{-} I^{+} \cos(\theta^{-} - \varphi^{+} + 120°) +$$

$$\frac{1}{2}U^{+} I^{+} \cos(2\omega_0 t + \theta^{+} + \varphi^{+} - 120°) +$$

$$\frac{1}{2}U^{-} I^{+} \cos(2\omega_0 t + \theta^{-} - \varphi^{+}) \tag{5-53}$$

根据式（5-51）～式（5-53）可知，式中等号右侧第 1～3 项表示瞬时功率的直流分量，用于提供直流母线的电压；第 4 项表示瞬时功率的 2 倍频负序分量，来生成换流器的桥臂环流；最后一项表示瞬时功率的 2 倍频零序分量。虽然负序电流控制器对负序电流进行抑制使其为零，但负序电压的存在使得 $U^{-} \neq 0$，所以当控制器工作在抑制负序电流的情况时，桥臂功率中的 2 倍频零序分量仍然存在。

2. 正负序分量提取

为了使锁相误差减小和简化控制器的结构，本文在两相静止坐标系（αβ 坐标系）下设计了二阶复数滤波器来实现对电网电压正、负序分量的提取。

为了提高对正、负序基波分量的滤波效率，本章使用了二阶低通滤波环节，二阶滤波器的传递函数为

$$H(s) = \frac{\omega_c^2}{s^2 + \frac{\omega_c}{Q}s + \omega_c^2} \tag{5-54}$$

分析对 α、β 轴正序分量的提取，将 $s-j\omega_0$ 代入式（5-54）后，可以实现

$$u_{\alpha\beta}(s) \frac{\omega_c^2}{(s-j\omega_0)^2 + \frac{\omega_c}{Q}(s-j\omega_0) + \omega_c^2} = u_{\alpha\beta}^{+}(s) \tag{5-55}$$

所以得出二阶正序复数滤波器的传递函数为

$$G^+(s) = \frac{\omega_c^2}{(s - j\omega_0)^2 + \dfrac{\omega_c}{Q}(s - j\omega_0) + \omega_c^2}$$

(5 56)

式中：Q 为二阶滤波器的品质因数；ω_0 为基波角频率；ω_c 为滤波器选择角频率。

　　根据式（5-56）可知在正序基波频率 ω_0 处，滤波器的增益为 1，这说明正序基波分量可以完全被提取出来。同理二阶负序复数滤波器的原理类似正序滤波器。对式（5-55）中的复数形式进行实部和虚部展开，可以得到在 $\alpha\beta$ 坐标系下的二阶正序复数滤波器的结构框图，如图 5-6 所示。图 5-7 给出了该滤波器 $G^+(s)$ 的波特图。由图可以看出，在基波频率 50Hz 处，二阶正序滤波器的幅频特性为 1，相频特性为 0，则基波分量可以无衰减地通过；同时二阶复数滤波器可以实现对谐波分量的良好抑制，通过调整阻尼系数 $\varepsilon(\varepsilon = \omega_c/\omega_0)$ 的值来提高复数滤波器的提取准确度和谐波抑制能力。

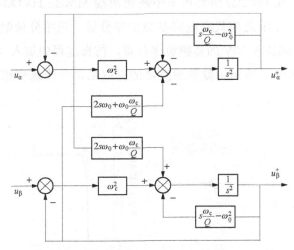

图 5-6　二阶正序复数滤波器结构框图

　　根据二阶复数滤波器的工作原理可知，当 $f = \pm 50$Hz 时，其可对电压正负序分量快速提取，二阶复数滤波器的实现只需要进行一次 Clark 变换。而传统正负序基波分量的提取多基于锁相环的使用，锁相环的使用不仅需要多次的坐标变换，而且负序分量会使锁相环输出的相位信息中含有 2 倍频误差分量，所以复数滤波器的使用会避免锁相环带来的大量复杂计算和锁相误差。

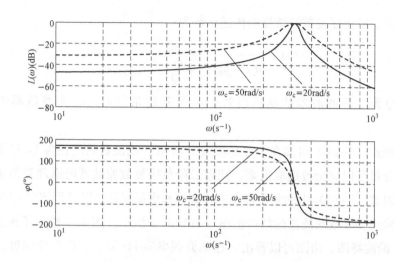

图 5-7   二阶正序复数滤波器 $G^+(s)$ 的波特图

为验证在交流系统发生不对称故障时，二阶复数滤波器对电压正负序分量的提取性能，在 PSCAD 仿真环境中搭建两端 MMC-HVDC 模型，仿真参数设置如下：在 2.1s 之前只有电网基频正序分量，正序分量幅值设为 100V，在 2.1～2.3s 之间加入 50V 的基频负序分量，仿真过程中加入 3% 的 5 次谐波电压标幺值。图 5-8 所示为复数滤波器的提取结果与传统锁相环的提取结果对比。

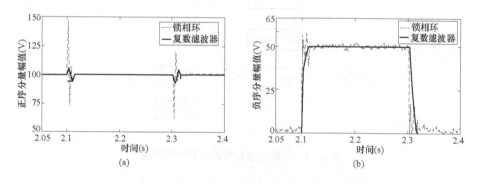

图 5-8   复数滤波器与锁相环提取性能对比图

（a）正序分量提取结果仿真波形图；（b）负序分量提取结果仿真波形图

从图 5-8 可以看出，在电网电压出现不平衡故障和故障清除瞬间，采用二阶复数滤波器在提取电压正序和负序分量时不会出现较大的幅值波动，而采用锁相环在提取电压正序和负序分量在不平衡瞬间会出现较大的幅值波动且波动次数较多，同时二阶复数滤波器对电网中的谐波抑制效果好于锁相环。因此，与锁相环提取性能相比，二阶复数滤波器对电压的提取性能好于锁相环。

3. 基于电压补偿原理的内环负序电压控制方式

为了实现对不对称故障下系统中负序电流的抑制，根据电压补偿原理，当使 MMC 交流侧输出电压中含有等量的系统故障时的负序电压时，系统中的负序电流会被抑制。本文是在两相静止坐标系下对补偿原理的实现，所以，当交流系统侧的负序电压得到补偿后，在两相静止 αβ 坐标系下 MMC 交流侧输出电压、电流的关系为

$$\begin{cases} L_s \dfrac{di_\alpha}{dt} + P_s\delta = u_\alpha^+ + u_\alpha^- - u_{v\alpha}^+ - u_{v\alpha}^- \\ L_s \dfrac{di_\beta}{dt} + P_s i_\beta = u_\beta^+ + u_\beta^- - u_{v\beta}^+ - u_{v\beta}^- \end{cases}$$

式中：u_α^+、u_β^+、$u_{v\alpha}^+$、$u_{v\beta}^+$、u_α^-、u_β^-、$u_{v\alpha}^-$、$u_{v\beta}^-$ 分别为交流系统电压、换流器交流侧输出电压的正、负序 α、β 轴分量。

所以，经过负序电压补偿后，系统中的电压可以表示为

$$\begin{cases} u_\alpha^- - u_{v\alpha}^- = 0 \\ u_\beta^- - u_{v\beta}^- = 0 \end{cases} \tag{5-57}$$

图 5-9 所示为负序电压控制器结构框图。图中引入的变量 x_α^- 相当于 α 轴负序电流的有功分量，x_β^- 相当于 β 轴负序电流的无功分量，u 为比例系数。

$$\begin{cases} \dfrac{di_\alpha^-}{dt} + ui_\alpha^- = ux_\alpha^- \\ \dfrac{di_\beta^-}{dt} + ui_\beta^- = ux_\beta^- \end{cases} \tag{5-58}$$

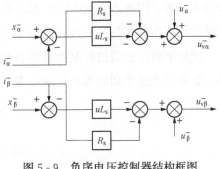

图 5-9　负序电压控制器结构框图

5.5　交流侧故障下基于能量平衡的 MMC 控制策略

交流侧故障下基于能量平衡的 MMC 控制结构如图 5-10 所示，采用定有

功、无功控制得到交流电网三相电流参考值 i_j；能量平衡控制换流器内部能量均衡，调节换流器的功率分布得到所需的功率交换参考，实现交流侧三相电流对称以及换流器能量平衡；结合 5.1 节的功率交换与桥臂电流分量的关系分析，得到控制变量 $i_{j\_add\_ref}$。各 SM 电容电压输入到模型预测控制器中，并根据控制目标 2 实现 SM 电容电压均衡[13-15]。

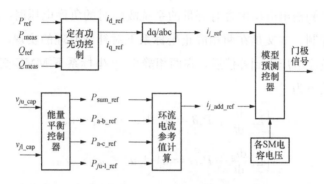

图 5-10 MMC 整体控制框图

5.5.1 能量平衡控制

由 5.1 节分析可知，MMC 交流电压不平衡时，控制交流侧三相电流对称，若不调节 MMC 输出到直流侧功率在三相桥臂的分布，将会导致换流器内部能量的不平衡，因此本文由 MMC 总能量及各桥臂能量均衡的角度出发，调节直流母线功率在各相间的分布以及确定上、下桥臂间的交流有功交换。

能量平衡控制通过控制换流器各桥臂间的能量平衡来求解所需的功率交换值，各能量变量之间的关系可表达为

$$E_{j\_u} = 0.5 \frac{C_m}{N} (v_{ju\_cap})^2 \qquad (5-59)$$

$$E_{j\_l} = 0.5 \frac{C_m}{N} (v_{jl\_cap})^2 \qquad (5-60)$$

式中：E_{j_u}、E_{j_l} 分别为换流器 j 相上、下桥臂的能量；v_{ju_cap}、v_{jl_cap} 为各相上、下桥臂子模块电容电压和；C_m、N 为子模块电容和换流器各桥臂子模块数量。

换流器内部总能量及各桥臂间能量差（以 a 相为基准），可分别表示为

$$E_{sum} = \sum E_{j\_u} + \sum E_{j\_l} \qquad (5-61)$$

$$E_{\text{a-b}} = (E_{\text{a\_u}} + E_{\text{a\_l}}) - (E_{\text{b\_u}} + E_{\text{b\_l}}) \qquad (5-62)$$

$$E_{\text{a-c}} = (E_{\text{a\_u}} + E_{\text{a\_l}}) - (E_{\text{c\_u}} + E_{\text{c\_l}}) \qquad (5-63)$$

$$E_{j\text{-u-l}} = E_{j\_u} - E_{j\_l} \qquad (5-64)$$

式中：E_{sum} 为换流器内部总能量；$E_{\text{a-b}}$、$E_{\text{a-c}}$ 分别为 a 相与 b 相的能量差，a 相与 c 相的能量差；$E_{j\text{-u-l}}$ 为各相上、下桥臂的能量差。

总能量参考值 $E_{\text{sum\_ref}}$ 则设为额定值（设置 ±10% 的误差），a 相与 b 相的能量差、a 相与 c 相的能量差 $E_{\text{a-b\_ref}}$、$E_{\text{a-c\_ref}}$ 均设为零。

$$E_{\text{sum\_ref}} = 6 \times 0.5 \frac{C_{\text{m}}}{N}(Nu_{\text{m}})^2 \qquad (5-65)$$

式中：u_{m} 为子模块的额定工作电压。

交流侧电压不平衡，MMC 从交流侧吸收的总有功功率发生变化，因此需控制 MMC 总能量追踪其额定值，调节换流器与直流电网间的功率交换。同时，控制各桥臂能量的均衡，以调节直流母线功率在三相桥臂中的分布，实现交流侧三相电流对称。基于能量控制的直流母线功率分布调节控制如图 5-11 所示，分别得到各功率交换参考值 $P_{\text{sum\_ref}}$、$P_{\text{a-b\_ref}}$、$P_{\text{a-c\_ref}}$。

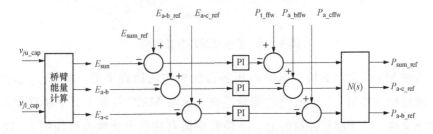

图 5-11　基于能量控制的直流母线功率分布调节控制

为提升控制器的鲁棒性，针对换流器总能量控制及相间能量平衡控制回路增加了前馈环节。其中，$P_{\text{t\_ffw}}$、$P_{\text{a\_bffw}}$、$P_{\text{a\_cffw}}$ 可分别表示为

$$P_{\text{t\_ffw}} = \sum u_{\text{t}j} i_j \qquad (5-66)$$

$$P_{\text{a\_bffw}} = u_{\text{ta}} i_{\text{a}} - u_{\text{tb}} i_{\text{b}} \qquad (5-67)$$

$$P_{\text{a\_cffw}} = u_{\text{ta}} i_{\text{a}} - u_{\text{tc}} i_{\text{c}} \qquad (5-68)$$

能量平衡控制器增加了陷波滤波器环节，以防止控制器补偿由交流分量引起的能量振荡，陷波滤波器传递函数为

$$N_\omega(s) = \frac{s^2 + \omega^2}{1 + 2\omega/Q + \omega^2} \qquad (5-69)$$

式中：ω 为需被滤除的频率；Q 为滤波器的品质因数。考虑到二次交流分量对能量控制的影响也很大，所以本文的陷波滤波环节 $N(s)$ 滤除有功的基频和 2 倍频交流分量，品质因数 Q 选为 3，所设计的陷波滤波环节波特图如图 5 - 12 所示。

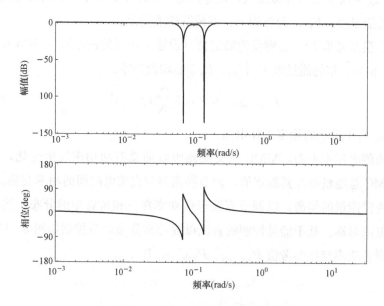

图 5 - 12　陷波滤波环节波特图

为使 MMC 上、下桥臂电容电压各自的平均值达到平衡，将 $E_{\text{ku-1\_ref}}$ 设为零，通过控制各相上、下桥臂的能量平衡，求解 MMC 各相上、下桥臂交流有功功率交换，基于能量控制的上、下桥臂交流有功功率交换控制如图 5 - 13 所示，最后得到上、下桥臂交流有功功率交换参考值 $P_{\text{ku-1\_ref}}$。

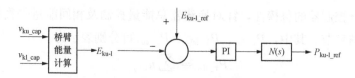

图 5 - 13　基于能量控制的上、下桥臂交流有功功率交换控制

同样，上、下桥臂交流有功功率交换控制部分增加了相同的陷波滤波环节 $N(s)$，设计同上。

能量平衡控制得到控制变量 $P_{\text{sum\_ref}}$、$P_{\text{a-b\_ref}}$、$P_{\text{a-c\_ref}}$、$P_{\text{ju-1\_ref}}$，结合 5.1

节分析内容求解桥臂电流直流母线分量参考 $i_{j\_dc\_ref}$ 和交流有功电流分量 i_{jz_ref}。

直流母线电流分量参考根据控制变量 P_{sum_ref}、$P_{a\text{-}b\_ref}$、$P_{a\text{-}c\_ref}$，结合 5.1 节分析内容求解桥臂电流直流母线分量参考 $i_{k\_dc\_ref}$，可表达为

$$\begin{bmatrix} i_{a\_dc\_ref} \\ i_{b\_dc\_ref} \\ i_{c\_dc\_ref} \end{bmatrix} = \frac{1}{3U_{dc}} \begin{bmatrix} 1 & 1 & 1 \\ 1 & -2 & 1 \\ 1 & 1 & -2 \end{bmatrix} \begin{bmatrix} P_{sum\_ref} \\ P_{a\text{-}b\_ref} \\ P_{a\text{-}c\_ref} \end{bmatrix} \tag{5-70}$$

交流有功环流分量参考 i_{jz_ref}（与交流电流同相同频）由控制变量 $P_{ku\text{-}1\_ref}$ 根据式（5-45）得到

$$P_{ju\text{-}1\_ref} = 2u_{tj}i_{jz\_ref} \quad \Rightarrow \quad i_{jz\_ref} = \frac{P_{ju\text{-}1\_ref}}{2u_{tj}} \tag{5-71}$$

MMC 各相桥臂环流参考为

$$i_{j\_add\_ref} = i_{j\_dc\_ref} + i_{jz\_ref} \tag{5-72}$$

5.5.2　基于能量平衡控制的 MPC 控制器设计

MPC 控制器具体设计见第 3 章，本节采用能量平衡控制来控制 MMC 各桥臂环流分量，以实现交流侧故障穿越。2.4 节所提出的模型预测控制策略的控制目标 3 旨在抑制相间环流分量，但未曾对换流器内部运行情况进行分析及控制，因此该部分对所提 MPC 控制器的环流控制部分进行了相应的改进。

由前面的 MMC 运行特性及环流分析可知，换流器内部各桥臂环流包含直流母线电流分量及相间交流环流分量，与外部相互独立，各相直流母线电流分量是直流母线电流的 1/3。稳态运行时，能够实现换流器的安全稳定运行，但在输电系统发生不对称故障时，则会导致换流器内部失去稳定。因此 MMC 内部环流调控可在保证各相输出电动势不变的前提下，通过在换流器上、下桥臂插入相同的补偿电压进行控制，补偿电压 U_{diff} 电平数为 $2N_{diff}+1$，即

$$U_{diff} = \frac{U_{dc}}{N}[-N_{diff}, \cdots, 0, \cdots, N_{diff}-1, N_{diff}] \tag{5-73}$$

式中：N_{diff} 为小于 N 的整数。

对 MMC 内部环流的预测模型进行修改，表达为

$$i_{j\_\text{add}}(t+T_s) = i_{j\_\text{add}}(t) + \frac{T_s}{l}\{U_{\text{dc}} - [u_{\text{Pj}}(t+T_s) + u_{\text{Nj}}(t+T_s) + 2U_{\text{diff}}]\}$$

$$(5-74)$$

其目的是通过添加第三项来调整 MMC 内部能量分布，维持 MMC 内部能量平衡，相关的目标函数为

$$J_j'' = J_j + \lambda_c\left(\sum\left|u_{\text{cij}}(t+T_s) - \frac{U_{\text{dc}}}{n}\right|\right) + \lambda_z|i_{j\_\text{addref}}(t+T_s) - i_{j\_\text{add}}(t+T_s)|$$

$$(5-75)$$

式中：$i_{j\_\text{addref}}(t+T_s)$ 为桥臂内部环流参考值，其值由能量平衡控制器求得。

改进的模型预测控制器通过对多控制目标，在目标函数中以所占的成本贡献进行加权，从而使得换流器在每个 T_s 均能跟踪参考电流、维持 SM 均压和环流调控，实现 MMC - HVDC 输电系统的交流侧故障穿越，以及换流器内部能量均衡控制。所提出的基于能量平衡的 MPC 控制能够实现换流器在正常及交流侧故障期间的安全稳定运行，相较于抑制直接负序电流的控制方法，该方法发生故障时无须切换，响应更迅速。

5.5.3 仿真分析

为验证本文所提出的 MMC - HVDC 系统交流侧故障穿越方法的优越性能，对 MMC 交流侧电压不平衡的运行状态进行了仿真分析，为便于验证搭建了单端 MMC - HVDC 系统仿真模型，如图 5 - 14 所示。直流侧通过等效电路代替，其仿真模型如图 5 - 15 所示，仿真模型参数见表 5 - 1。$t=8s$ 时，在变压器高压侧发生故障，此时的交流侧三相电压仿真波形如图 5 - 16 所示。

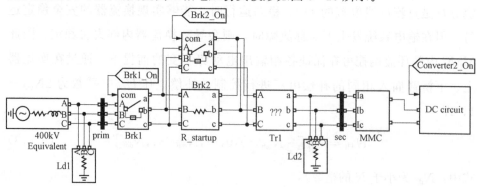

图 5 - 14　单端 MMC - HVDC 系统仿真模型

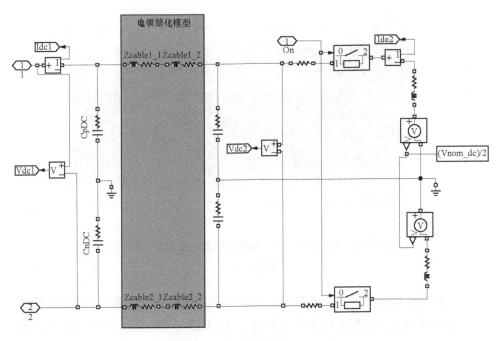

图 5 - 15　直流侧等效电路仿真模型

表 5 - 1　　　　　　　　　　　MMC 仿真模型主要参数

名称	数值
交流系统额定电压	400kV
交流系统电感	56mH
系统额定频率	50Hz
系统额定有功功率	1000MW
变压器额定电压	400/333kV（YNy）
变压器额定功率	1000MVA
变压器漏抗	5%
电缆参数	$0.5\Omega + 0.015H$
桥臂阻抗	$0.1713\Omega + 0.0529H$
系统电抗	0.015H
系统电阻	0.1Ω
稳态直流电压	640kV
子模块额定电容	$3300\mu F$

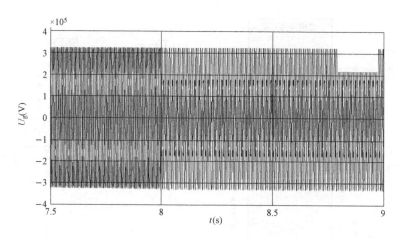

图 5-16　变压器高压侧故障时交流侧的交流侧三相电压
仿真波形

　　传统直接抑制负序电流和基于能量平衡控制策略的 MMC-HVDC 系统交流侧故障穿越方法的仿真结果分别如图 5-17 和图 5-18 所示。图 5-17 （a） 和图 5-18 （a） 分别对应两种不同方法交流侧三相电流波形，$t=8s$ 时，交流侧发生故障，引起交流侧电流产生波动，采用的两种交流侧故障穿越控制方法均能在故障发生后使得交流侧电流对称。

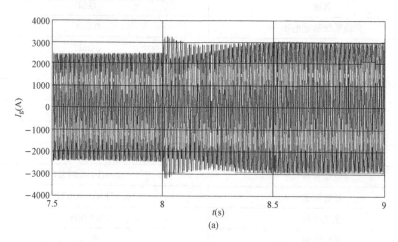

图 5-17　直接抑制负序电流控制策略的仿真结果 （一）

（a） 交流侧三相电流

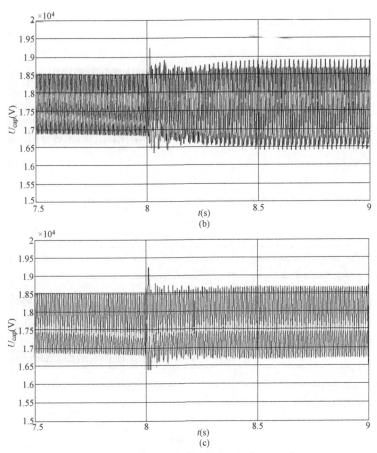

图 5‐17   直接抑制负序电流控制策略的仿真结果（二）

（b）各相上桥臂子模块电容电压平均值；（c）a 相上、下桥臂电容电压平均值

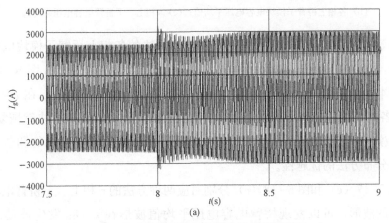

图 5‐18   基于能量平衡控制策略的仿真结果（一）

（a）交流侧三相电流

119

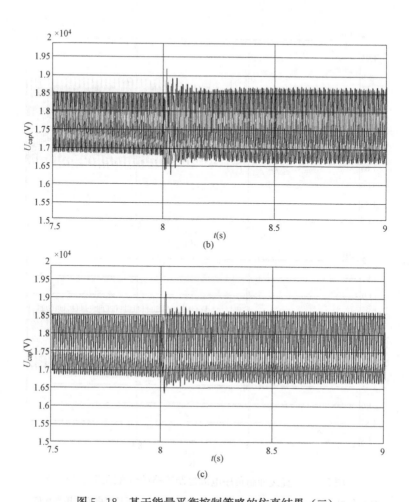

图 5-18 基于能量平衡控制策略的仿真结果（二）

（b）各相上桥臂子模块电容电压平均值；（c）a 相上、下桥臂电容电压平均值

图 5-17（b）为采用直接抑制负序电流方法的各相上桥臂子模块电容电压平均值，可以明显看出各相桥臂电容电压平均值明显失去平衡。图 5-18（b）为采用本文所提出方法的各相上桥臂子模块电容电压平均值，在 $t = 8s$ 时，MMC 各相桥臂电容电压平均值由于交流侧故障发生波动，但很快就恢复稳定，各相子模块电容电压平均值保持对称，验证了基于能量平衡控制的调节直流母线功率分布方法的优越性。

图 5-17（c）和图 5-18（c）分别对应两种方法的 a 相上、下桥臂电容电压平均值的波形，可以发现桥臂电容电压平均值波形在 $t = 8s$ 发生波动后恢复

稳定。

　　图 5 - 19 和图 5 - 20 分别给出了采用直接抑制负序电流方法和能量平衡方法的 MMC 能量仿真结果图。对比图 5 - 19（a）与图 5 - 20（a）可以发现两种方法的上、下桥臂能量均能恢复一定的平衡，但图 5 - 19（a）相比于图 5 - 20（a）在恢复稳态后，仍有少许波动，并且明显采用能量平衡方法的上、下桥臂能量恢复平衡速度更快且更稳定；对比图 5 - 19（b）与图 5 - 20（b）的结果则可明显看出采用能量平衡方法的优势所在，在 $t=8$s 发生不平衡故障时，图 5 - 19（b）的 MMC 三相桥臂能量严重失衡，而图 5 - 20（b）的 MMC 三相桥臂能量虽有少许波动，但仍能保持平衡。

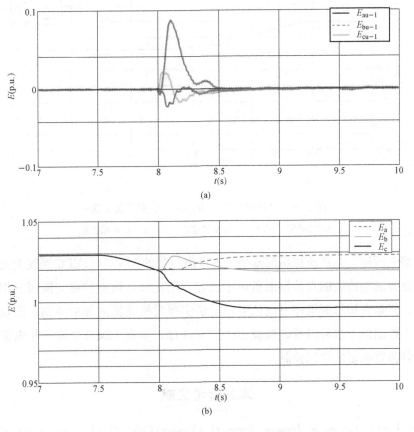

图 5 - 19　MMC 能量仿真结果（直接抑制负序电流）

（a）MMC 各相上、下桥臂能量差；（b）MMC 三相能量

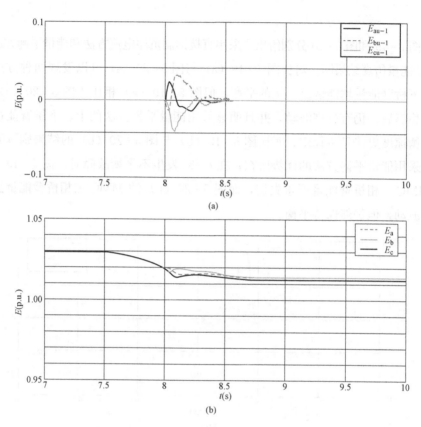

图 5-20 MMC 能量仿真结果（能量平衡方法）

（a）MMC 三相上、下桥臂能量差；（b）MMC 各相能量

综上所述，本章所提出的基于能量平衡控制的 MMC-HVDC 系统交流侧故障穿越方法与传统的直接抑制负序电流的方法比较，均能控制交流侧三相电流对称；但是直接抑制负序电流的方法无法实现对换流器内部的控制；而基于能量平衡控制的方法可以兼顾换流器内部和外部，实现 MMC 交流三相电流以及内部各桥臂能量的协同控制。

本章参考文献

[1] E. Prieto-Araujo, A. Junyent-Ferre, G. Clariana-Colet, O. Gomis-Bellmunt. Control of modular multilevel converters under singular unbalanced voltage conditions with equal positive and negative sequence components [J]. IEEE Trans. Power Syst, 2017, 32 (3): 2131-2141.

[2] 王璐. 基于 MMC 的换流站内部故障及交流不对称故障保护策略研究 [D]. 沈阳：沈阳工业大学，2019.

[3] 蔡洁. 模块化多电平柔性直流输电交流侧故障穿越与控制策略研究 [D]. 长沙：长沙理工大学，2018.

[4] 丁健. 模块化多电平换流器交流侧不对称运行研究 [D]. 哈尔滨工业大学，2019.

[5] 李方晴. MMC‐HVDC 交流侧不对称故障特性分析与控制策略 [D]. 济南：山东大学，2019.

[6] 王振浩，张震，李国庆. 基于补偿原理的 MMC‐HVDC 系统不对称故障控制策略 [J]. 电力系统自动化，2017，41（17）：94‐100.

[7] 李金科，金新民，吴学智，荆龙，施恩泽. 网压不平衡下系统控制目标对 MMC 运行性能的影响 [J]. 电工技术学报，2016，31（S2）：39‐48.

[8] 程启明，孙伟莎，程尹曼，谭冯忍，李涛，陈路. 电网电压不平衡下 MMC 的无源控制策略 [J]. 电力自动化设备，2019，39（04）：78‐85.

[9] Cortes P, Kouro S, Rocca B L, et al. Guidelines for weighting factors design in model predictive control of power converters and drives [A]. In: IEEE International Conference on Industrial Technology [C]. Gippsland, 2009, 1‐7.

[10] 刘英培，潘朏朏，栗然，张栋. 不对称电网电压下 MMC‐HVDC 系统功率波动抑制策略研究 [J]. 电测与仪表，2017，54（02）：18‐24+45.

[11] 李金科，吴学智，施恩泽，荆龙，王帅，金新民. 不平衡网压下抑制 MMC 模块电压波动的环流注入方法 [J]. 电力系统自动化，2017，41（09）：159‐165+193.

[12] 施恩泽，吴学智，荆龙，姜久春，李金科. 网压不平衡下环流注入对模块化多电平换流器的影响分析 [J]. 电工技术学报，2018，33（16）：3719‐3731.

[13] 欧朱建，王广柱. 电网电压不对称工况下模块化多电平变换器控制策略 [J]. 中国电机工程学报，2018，38（01）：258‐265+363.

[14] 夏向阳，黄智，赵昕昕，梁军，曾小勇，汤赐，刘远，石超. 交流侧故障下 MMC‐HVDC 能量平衡控制策略 [J]. 湖南大学学报（自然科学版），2019，46（10）：101‐108.

[15] 孙一凡. MMC‐HVDC 稳态运行范围研究 [D]. 济南：山东大学，2019.

第 6 章
MMC - HVDC 系统直流侧故障穿越研究

　　直流输电系统的输电线路采用电缆或架空线（以及它们的组合），还包括没有输电距离的背靠背工程。由于架空线路的直流故障率较高，目前在高压直流输电工程中普遍采用的交联聚乙烯电缆，同时集肤效应在运行过程中面临的空间电荷问题及进而产生的绝缘问题，严重制约了电缆输电线路电压等级的提升。因此，在远距离、高电压、大容量直流输电的发展背景下，采用具有明显经济和技术优势的架空线输电成为未来 MMC - HVDC 工程的必然选择[1-4]。

　　架空线作为高压直流输电的输电线路虽然具有诸多经济技术优势，但也存在一个难以避免的问题，其直流故障率远远高于电缆输电线路。较高的直流故障率，尤其是各种暂时性故障率，必将会在工程运行过程中造成诸多问题，影响 MMC - HVDC 系统的正常稳定运行和后续发展。MMC - HVDC 系统直流侧发生短路故障时（单级接地短路故障、双极短路故障）会产生较大的故障电流，尤其是在发生最为严重的双极短路故障时，需要立刻采取措施对直流故障点进行隔离，将故障切除出输电系统，由此也将产生一系列问题，需要进一步研究探索。

6.1　MMC - HVDC 系统直流侧故障自清除研究

6.1.1　直流短路故障机制

　　当前已经投入运行的 MMC - HVDC 工程，直流侧输电线路基本都是采用电缆双极运行，同时接地方式的差异与故障结果没有关系[5-6]。直流线路故障包括单极接地、双极短路、断线故障，其中故障情况最为严重的为双极短路故障。

本节主要讨论直流侧单极接地和双极短路这两种故障情况。

当前直流侧输电线路大多采用电缆，发生永久性故障的概率最高。图 6 - 1 所示为 MMC 的简化电路图，直流发生双极短路故障。在换流站闭锁前故障电流急剧增大，故障电流包含交流侧馈入电流和子模块电容电压放电电流两部分，直流故障相当于交流侧三相短路故障；同时，a 相上桥臂子模块电容通过 VT1，c 相上桥臂子模块电容通过 VT1 放电与交流侧流入的电流叠加成桥臂电流，短路电流快速升高，在半个周期内达到最大值。

经过几毫秒后，系统检测到直流侧故障闭锁 MMC 换流站。MMC 换流站闭锁后，子模块电容被旁路停止放电和桥臂流入电流，但交流侧仍通过子模块反并联的二极管 VD2 向故障点流入电流，此时桥臂电感将会限制桥臂短路电流上升速率，从而给 SM 端口处并联的晶闸管动作时间完成对二极管 VD2 旁路保护作用。

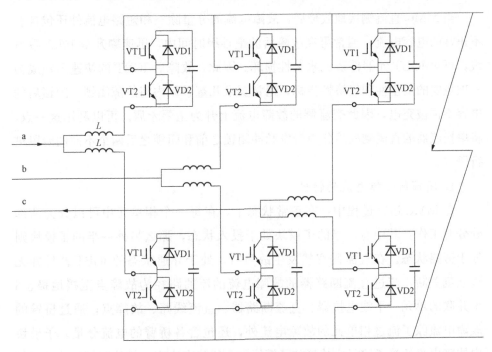

图 6 - 1　双极短路故障电流通路

6.1.2　换流器直流侧故障特性及故障闭锁研究

以最为简单的单极接地故障为基础作一般性研究，采用单端直流换流器直流侧故障模型分析，如图 6-2 所示。

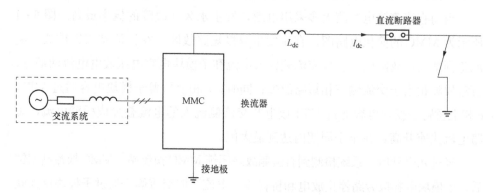

图 6-2 单端直流换流器直流侧故障模型

L_{dc}—直流侧电抗；I_{dc}—直流侧电流

当 MMC 直流侧接地故障后，故障电流的分量除三相短路电流外还包含有不正常的电容电流，通常可在故障后的毫秒级时间内，迅速攀升至 10kA 数量级，可对 IGBT 元器件造成永久性损坏。因此，故障后 IGBT 的快速闭锁成为一项重要的安全性和经济性指标，通常要求几毫秒以内将故障闭锁。闭锁后的电容不再被充电，因此交流侧的故障电流上升为主要矛盾。可以利用这一点，将单换流器的直流侧故障分为触发脉冲闭锁之前和闭锁之后两个不同的阶段进行研究。

1. 闭锁前故障电流的特性

在 MMC 运行过程中，在正常状态下，在每一个相单元中可以分为两部分分开工作，其中有一半的子模块处于投入状态，那么另外一半的子模块则处于旁路状态。在直流侧突然发生故障时，处于导通状态的 IGBT 器件并无法立刻关断，流过直流断路器的故障电流的流通路径为故障点至接地极、3个并联的单元、平波电抗器、直流断路器、直流线路、故障点；通过桥臂的故障电流除了流过相单元的故障电流外，还包含各桥臂的电流分量。子模块中故障电流的流通路径由故障前子模块的运行状态决定，故障前子模块处于投入状态时，故障电流将流过电容器 C_0 和功率器件 VT1；旁路状态时，故障电流流过二极管 VD2 使之导通。对于 MMC，桥臂中投入的子模块个数是实时变化的，将 MMC 看作是一个时变电路，如图 6-3、图 6-4 所示。若保持投入或旁路的子模块不变且在极短的时间内分析，可将 MMC 等效为一个线性定常电路，并对该线性定常电路用叠加定理进行分析。设以下分析的时间段为故障发生后极短的一段时间内，且假定 MMC6 个桥臂中投入和旁路的子模块都保持不变。

图 6 - 3　电感运算电路模型

图 6 - 4　电容运算电路模型

可以采用电路分析法（或称复频域分法）对于一条假设的电路进行分析，然后再对假设条件之外的结论进行验证，看是否仍然适用。在 MMC 中，显而易见，对桥臂而言，投入的子模块个数总是处于一种不断变化的状态，由此可以看出，MMC 在本质上就可以作为一个时变电路。但是，如果在一个分析时间足够短的条件下，也许 MMC 中投入的子模块对桥臂而言可以维持不变，并且在这样的情况下，旁路的子模块也可以处于同样的状态。由此到达的状态，可以将 MMC 在本质上作为一个线性定常电路，在接下来的过程中，可以采用叠加原理进一步得到结论。再次假设进行分析的时间段，仅是很短的一个时间段，而且是处于故障发生之后，由以上的结论可以知道，MMC 桥臂中投入的子模块保持不变，同样，旁路的子模块也保持不变。

2. 闭锁后故障电流的特性

子模块闭锁后 MMC 的运行特性与 MMC 不控充电时不同，不控充电情况下，直流侧开路，因此交流系统可对子模块充电，通过二极管 VD1 流通。直流侧故障后 MMC 闭锁时，各子模块只能通过 VD2 流通。由前述分析可知，触发脉冲闭锁后的等效电路是标准的二极管整流电路，此章研究的仍是桥臂电流和直流侧电流，桥臂电流决定了 VD2 以及与之并联的晶闸管的电流容量；直流侧的电流决定了对直流断路器容量的选择。对图 6 - 5 进行分析，假设短路发生在平波电抗器线路侧出口，此时正负两极的公共直流母线等电位。

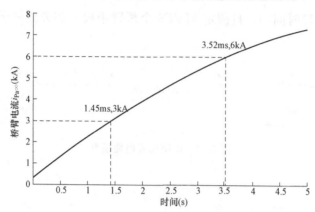

图 6-5　桥臂电流的时间变化曲线

以待定系数法来确定桥臂电流 $i_{Pa\infty}$ 和直流侧电流 $i_{a\infty}$。设 $i_{Pa\infty}$ 的通式为

$$i_{Pa\infty}(t) = A_0 + A_1 \sin(\omega t + \varphi_1) + A_2 \sin(2\omega t + \varphi_2) + \cdots \qquad (6-1)$$

则 $i_{a\infty}$ 的通式可写为

$$i_{a\infty}(t) = 2A_1 \sin(\omega t + \varphi_1) + 2A_2 \sin(2\omega t + \varphi_2) + \cdots \qquad (6-2)$$

对图 6-5 所示整流电路的 a 相列电压的方程

$$u_{sa}(t) = L_{ac} \frac{di_{a\infty}}{dt} + L_0 \frac{di_{Pa\infty}}{dt} \qquad (6-3)$$

忽略桥臂电阻 R_0，将式（6-1）和式（6-2）代入式（6-3），即

$$U_{sm} \sin(\omega t + \eta_{sa}) = A_1(2\omega L_{ac} + \omega L_0)\cos(\omega t + \varphi_1)$$
$$+ A_1(4\omega L_{ac} + 2\omega L_0)\cos(2\omega t + \varphi_2) + \cdots \qquad (6-4)$$

观察式（6-5），比较两边同次谐波项的系数和相位，可知

$$A_1 = \frac{U_{sm}}{2\omega L_{ac} + \omega L_0} = \frac{1}{2} I_{s3m}$$

$$\varphi_1 = -90° + \eta_{sa}$$

$$A_2 = 0$$

式中：I_{s3m} 为桥臂电位点三相短路电流。

即可得

$$i_{Pa\infty}(t) = A_0 + A_1 \sin(\omega t + \varphi_1) \qquad (6-5)$$

由于二极管的单向导通性质，有 $i_{Pa\infty}(t) \geqslant 0$，且二极管的阀电流存在多个零点的性质，因此考虑 R_0 时，$i_{Pa\infty}(t)$ 在一个工频周期内必然存在零点。

根据二极管单向导通性质，可知 $A_0 \geqslant A_1$，根据二极管的阀电流存在多个零点的性质可知 $A_0 \leqslant A_1$，因此 $A_0 = A_1$。由此可得桥臂电流为

$$i_{\mathrm{Pa}\infty}(t) = \frac{1}{2} I_{\mathrm{s3m}} [1 - \cos(\omega t + \eta_{\mathrm{sa}})] \tag{6-6}$$

由以上可得，整流电路直流侧电流表达为

$$I_{\mathrm{dc}\infty}(t) = \frac{3}{2} I_{\mathrm{s3m}} \tag{6-7}$$

式（6-6）、式（6-7）桥臂电流及直流侧电流是闭锁后的稳态电路表达式，而从闭锁瞬间进入稳态需要时间，设这个过渡时期的桥臂电流和直流侧电流的时间常数分别为 τ_{acB} 和 τ_{dcB}，常用一阶的惯性过程来模拟。闭锁瞬间桥臂电流和直流侧电流一般表达为

$$i_{\mathrm{Pa}}(t) = i_{\mathrm{Pa}\infty}(t) + \left[I_{\mathrm{PaB}} - i_{\mathrm{Pa}\infty}(0) \right] \mathrm{e}^{-\frac{1}{\tau_{\mathrm{acB}}}} \tag{6-8}$$

$$i_{\mathrm{dc}}(t) = I_{\mathrm{dc}\infty}(t) + (I_{\mathrm{dcB}} - I_{\mathrm{dc}\infty}) \mathrm{e}^{-\frac{1}{\tau_{\mathrm{dcB}}}} \tag{6-9}$$

式中：I_{PaB} 为闭锁瞬间的 a 相上的桥臂电流；I_{dcB} 为闭锁瞬间的 a 相上的直流侧电流；τ_{acB}、τ_{dcB} 为时间常数，通常不易求得，因此工程实际中取 τ_{acB} 为 10ms，τ_{dcB} 则在 10~200ms 之间。

3. 直流侧故障后 MMC 的闭锁时间估算

在直流侧出现短路故障后，直流侧故障电流迅速上升，故障电流为大于闭锁前的故障电流。因此，如果故障被直流断路器中断，则应在 MMC 被闭锁之前切断故障，使直流断路器的切断电流要求相对较低。但是，MMC 的闭锁时间取决于子模块中的 IGBT 器件承受短路电流的能力。典型 IGBT 承受短路电流的能力被认为是电流的两倍。当电流的瞬时值达到器件的额定电流时，测量流过 IGBT 器件的电流并立即闭锁 IGBT 器件是常见操作。因此，在直流侧短路后，MMC 将被闭锁，具体取决于流过桥臂的电流量。

根据式（6-1），桥臂电流可近似表达为

$$i_{\mathrm{Pa}}(t) = \frac{1}{3} i_{\mathrm{dc}}(t) - \frac{1}{2} I_{\mathrm{s3m}} \cos(\omega t + \eta_{\mathrm{sa}}) + \frac{1}{2} i_{\mathrm{a}}(0) \mathrm{e}^{-\frac{1}{\tau_{\mathrm{ac}}}} \tag{6-10}$$

在省略非主导因素后，桥臂电流的简单表达为

$$i_{\mathrm{Pa}}(t) = \frac{1}{3} i_{\mathrm{dc}}(t) + \frac{1}{2} I_{\mathrm{s3m}}(t) \cos(\omega t + \eta_{\mathrm{sa}}) \tag{6-11}$$

$$i_{\mathrm{Pa}}(t) = \frac{1}{3} i_{\mathrm{dc}}(t) - \frac{1}{2} I_{\mathrm{s3m}}(t) \sin(\omega t) \tag{6-12}$$

由于 MMC 的 6 个桥臂电流变化的初始阶段不同，并且由于直流侧故障矩是随机的，因此需要在故障后首次选择两倍额定电流的桥臂。对于桥臂电流表达式（6-15），上述要求转换为对 η_{sa} 值的选择，以使 $i_P(t)$ 尽可能早地达到额定电流的两倍。当然，当 $t_0 = t/2$ 时，$i_a(t)$ 的值最大，所以根据式（6-12）估计 MMC 的闭锁时间。对于单端 400kV、400MW 测试系统，可以计算式（6-12）随时间变化的曲线，如图 6-5 所示。假设测试系统的 IGBT 器件的额定电流为 3kA。当 $i_{Pa}(t)$ 达到 6kA 时，IGBT 被闭锁。如图 6-5 所示，闭锁时间为 3.5ms，即直流侧故障后的 3.5ms，MMC 子模块元器件闭锁。从式（6-12）可以看出，闭锁时间取决于 $i_{dc}(t)$ 的上升速度和 I_{s3m} 的值。为了延长闭锁时间，有必要降低系统设计中要测试的 $i_{dc}(t)$ 的上升速度和 I_{s3m} 值。

4. 直流侧短路电流闭锁前后条件分析

根据前面的分析，闭锁前直流短路电流的表达式为

$$i_{dc}(t) = -\frac{1}{\sin\theta_{dc}} i_{dc}(0) e^{-\frac{1}{\tau_{dc}}} \sin(\omega_{dc}t - \theta_{dc}) + \frac{U_{dc}}{R_{dis}} e^{-\frac{1}{\tau_{dc}}} \sin(\omega_{dc}t) \quad (6-13)$$

式（6-13）中的非主导因子可以省略。最大直流短路电流近似为 U_{dc}/R_{dis}，其值与平波电抗器 L_{dc} 的值密切相关，如果 L_{dc} 取为零，则直流短路电流的最大值可能大于 50 乘以直流额定电流。式（6-7）显示了闭锁后直流短路电流的表达式。直流短路电流的最大值等于桥臂电位点三相短路电流 I_{s3m} 的 1.5 倍，通常小于直流额定电流的 50 倍。因此，平波电抗器的大小主要取决于闭锁前后直流侧短路电流的大小。如果平波电抗器太小，闭锁之前的直流电流大于闭锁之后的直流短路电流。同样，对于单端 200kV、200MW 测试系统，使用预闭锁平波电抗器 L_{dc} 来计算最大直流电流短路电流曲线。由图 6-6 可以看出，当 L_{dc} 小于 15mH 时，闭锁前的直流短路电流大于闭锁的直流短路电流。将图 6-6 中闭锁前最大直流短路电流 U_{dc}/R_{dis} 与闭锁的直流短路电流交点对应的电感值定义为平波电抗器的临界电感值 L_{dcB}。其意义在于当 $L_{dc} < L_{dcB}$ 时，闭锁前的直流短路电流大于闭锁后的直流电流；当 $L_{dc} > L_{dcB}$ 时，闭锁前的直流短路电流小于闭锁的直流短路电流。

6.1.3 两种清除直流侧故障方法对比分析

MMC-HVDC 系统故障主要包括直流侧故障、换流器内部故障和交流侧故

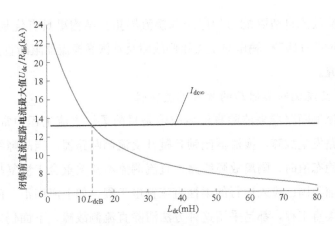

图 6 - 6　闭锁前直流短路电流随 L_{dc} 的变化曲线

障三类。目前实际工程中所采用的两电平换流器、三电平换流器和半桥型子模块均不具备直流故障清除能力，故障电流会通过 IGBT 所反并联的二极管流向故障点而形成故障回路而失控。

因此，现有工程大多采用成本高而故障率低的电缆作为直流输电线路，而不是采用成本低但故障率相对较高的架空线，使得输电成本较高，阻碍了柔性直流输电技术的发展。如图 6 - 7 所示，理论上柔性直流输电系统目前可采用三种处理故障的方法：

（1）依靠直流断路器。

（2）采用具备阻断直流故障电流的换流器。

（3）采用具备阻断直流故障电流的换流器。直流断路器近年来已取得较大进步但在高压大容量领域尚未得到广泛认可和应用；依靠交流侧断路器解决直流故障会导致系统每次都停止运行，故障后系统恢复正常运行时间长给系统的安全稳定性带来极大的挑战。

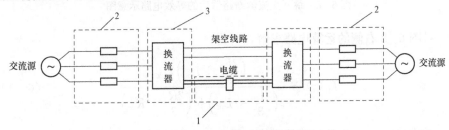

图 6 - 7　解决直流故障的方法

1—直流断路器；2—交流断路器；3—具备阻断直流故障电流的换流器

具有直流故障自清除能力的电压源换流器拓扑结构更具有优越性。因此，本章围绕 MMC－HVDC 输电系统直流侧故障及其依靠换流器阻断直流故障电流技术展开研究。

1. 跳开交流侧断路器后的故障电流特性

跳开交流侧断路器来清除直流侧故障是目前柔性直流工程中常用的方法，当直流侧线路发生故障，换流器闭锁且跳开交流侧断路器。当故障线路的故障电流衰减至稳态值时，隔离故障线路，直流侧隔离开关重合于恢复故障前的输送功率。目前我国已投入运行的柔性直流输电工程，如上海南汇、南澳三端和舟山五端等柔直工程，都是采用这种方法清除直流侧故障。下面仍以 6.1.1 节单换流器单极故障进行分析说明。

为研究一般性的情况，设交流侧断路器断开瞬间为 $t=0$，交流侧断路器断开时，直流侧线路故障电流为 I_{dck}，考虑平波电抗器作用后线路等效电感为 L_{dc}，电阻为 R_{dc}，忽略电容，得出分析模型的运算电路，如图 6-8 所示。

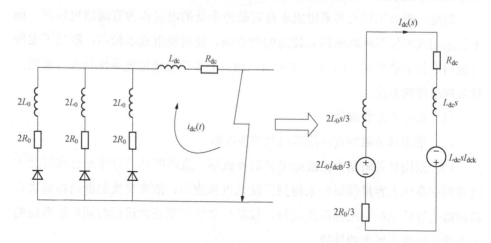

图 6-8　跳开交流侧断路器后的等效电路示意图

对图 6-8 右侧的运算电路求解，可得

$$I_{dc}(s) = \frac{\left(\dfrac{2L_0}{3}+L_{dc}\right)I_{dck}}{s\left(\dfrac{2L_0}{3}+L_{dc}\right)+\left(\dfrac{2R_0}{3}+R_{dc}\right)} \qquad (6-14)$$

对式（6-14）进行拉式反变换，得

$$i_{dc}(t) = I_{dck}e^{-\frac{t}{\tau_{dc}}} \qquad (6-15)$$

$$\tau''_{dc} = \frac{2L_0 + 3L_{dc}}{2R_0 + 3R_{dc}} \tag{6-16}$$

2. 跳开交流侧断路器后的故障电流仿真分析

基于 MATLAB 仿真平台搭建 21 电平 MMC - HVDC 系统仿真模型，对 MMC - HVDC 系统发生故障后跳开交流侧断路器的情况，使用单端 200kV、200MW 测试系统进行仿真分析，仿真模型如图 6 - 9 所示。仿真模型的主要参数见表 6 - 1。假设此测试系统使用半桥子模块，当前交流等效系统的线路当量为 105kV，即相电位幅值 $U_{sm} = 74.25$kV；直流电压 $U_{dc} = 200$kV；MMC 工作在整流模式，有功功率 $P = 200$MW，无功功率 $Q = 0$Mvar；平波电抗器的电感和电阻分别为 $L = 200$mH 和 $R = 0.19\Omega$。

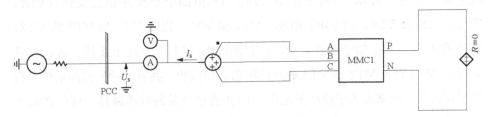

图 6 - 9　MMC - HVDC 系统单端仿真模型

表 6 - 1　　　　　　　　　　　　　**仿真模型的主要参数**

项目	参数	项目	参数
额定容量 S_N(MVA)	200	交流侧等效电抗 L_{ac}(mH)	20
额定直流电压 U_{dc}(kV)	200	桥臂电抗 $L(\mu H)$	76
交流系统额定频率 f_0(Hz)	50	桥臂电阻 $R(\Omega)$	0.19
子模块电容 C_0(mF)	0.6	单个桥臂子模块数目 n	20

设 $t = 0$ 时刻系统进入稳态运行，10ms 时平波电抗器出口发生单极接地。故障后的 5ms 闭锁换流器；故障后的 40ms 跳开交流侧开关。仿真时间持续到 2000ms。仿真结果如图 6 - 10 所示，τ'' 为 1050ms，I_{dck} 为 11.5kA。式（6 - 16）的解析计算值与仿真值相同，跳开交流侧断路器到故障电流为零的时间约为 4300ms。由于直流侧的隔离开关须在电流过零点才可动作，隔离故障线路，因此从跳开交流侧断路器起计时，如图 6 - 10 所示，将故障完全隔离约需要 4.4s。由上述结果分析，跳开交流侧断路器来清除直流侧故障耗时相对较长，无法满足大规模远距离的直流输电线路的要求。

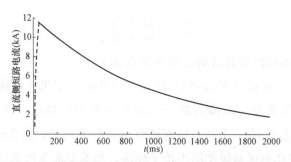

图 6-10　跳开交流侧断路器后直流侧故障电流的仿真值与解析计算值对比

3. 全桥型子模块故障自清除后的故障电流特性

以图 6-11 所示全桥型子模块为例，来进行具有自清除能力的 MMC 清除直流侧故障分析。MMC 全桥子模块（FBSM）由四个带反并联二极管（VD1，VD2，VD3 和 VD4）的 IGBT 组成。VT1 和 VT2，以及 VT3 和 VT4 的 VT2，VT3 和 VT4）和存储电容器 C_0 在正常操作中，VT 开关处于互补状态，并且 VT1 和 VT4 以及 VT2 和 VT3 的开关状态是相同的。共有四种类型的全桥子模块工作状态。根据流入子模块的电流方向和通过设备的具体路径，可以将每个工作状态进一步划分为两种特定的工作模式[11-14]。前三个是正常状态，模块的输出电压的极性可以根据子模块划分；最后一个是异常状态，通常用于清除故障或启动系统。图中的 MMC 基于全桥子模块设置为 MMC。在子模块被闭锁之前，故障电流将循环进入子模块。直流短路电流从 VD3 流向 C_0 至 VD2。从 DC 侧看到的 MMC 的等效电路如图 6-11 所示，故障电流流经相单元中的所有子模块。下面分析 $i_{dc}(t)$ 中故障电流的变化规律。

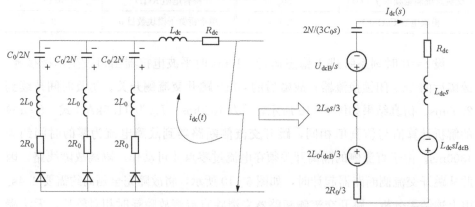

图 6-11　全桥型子模块故障自清除后 MMC 的等效电路示意图

设闭锁时子模块的直流侧电压为 U_{dcB}，故障电流为 I_{dcB}，从闭锁时刻 $t=0$ 起，等效电路如图所示，对运算电路求解，可得

$$I_{dc}(s) = \frac{s\left(L_{dc} + \frac{2L_0}{3}\right)I_{dcB} - U_{dcB}}{s^2\left(\frac{2}{3}L_0 + L_{dc}\right) + s\left(\frac{2}{3}R_0 + R_{dc}\right) + \frac{2N}{3C_0}} \tag{6-17}$$

对式（6-17）求拉式反变换，可得

$$i_{dc}(t) = -\frac{1}{\sin\theta'_{dc}}I_{dcB}e^{-\frac{t}{\tau'_{dc}}}\sin(\omega'_{dc}t - \theta'_{dc}) - \frac{U_{dcB}}{R'_{dis}}e^{-\frac{t}{\tau'_{dc}}}\sin(\omega'_{dc}t) \tag{6-18}$$

其中

$$\tau'_{dc} = \frac{4L_0 + 6L_{dc}}{2R_0 + 3R_{dc}} \tag{6-19}$$

$$\omega'_{dc} = \sqrt{\frac{8N(2L_0 + 3L_{dc}) - C_0(2R_0 + 3R_{dc})^2}{4C_0(2L_0 + 3L_{dc})^2}} \tag{6-20}$$

$$\theta'_{dc} = \arctan(\tau'_{dc}\omega'_{dc}) \tag{6-21}$$

$$R'_{dis} = \sqrt{\frac{8N(2L_0 + 3L_{dc}) - C_0(2R_0 + 3R_{dc})^2}{36C_0}} \tag{6-22}$$

根据式（6-18），$i_{dc}(t)$ 包含两个分量，一个是由感性元件电流产生的续流电流，另一个是子模块电容的放电电流。$i_{dc}(t)$ 的方向与故障电流的流向相反；两个部件的叠加导致故障电流快速下降到零。由于二极管的单向导通特性，故障电流在下降到零后不会在负向上发展，因此故障电流下降到零并保持为零，估计闭锁后故障电流降至零所需的时间。根据式（6-18），$i_d(t)$ 的第一项是正数，第二项是负数，因此，通过忽略 $i_{dc}(t)$ 的第二项而获得的过零时间显得更长。保守估计发生故障后，电流降至零所需的时间。假定闭锁故障电流下降到零所需的时间为 t_{tozere}，则 t_{tozere} 满足

$$t_{tozero} < \frac{\theta'_{dc}}{\omega'_{dc}} \tag{6-23}$$

通常，从闭锁到故障电流衰减到零的时间不超过 10ms。

4. 全桥型子模块直流侧故障电流仿真分析

基于 MATLAB 仿真平台搭建 21 电平 MMC - HVDC 系统仿真模型，对 MMC - HVDC 系统直流侧故障的情况进行仿真分析，使用单端 200kV、200MW 测试系统进行仿真验证。依然采用图 6-9 所示 MMC - HVDC 系统单端

200kV、200MW 仿真模型，主要参数见表 6-2。假设此测试系统使用全桥子模块，当前：交流等效系统的线路当量为 105kV，即相电位幅值 $U_{sm}=74.25$kV；直流电压 $U_{dc}=200$kV，MMC 工作在整流模式，有功功率 $P=200$MW，无功功率 $Q=0$Mvar。平波电抗器的电感和电阻分别为 $L=200$mH 和 $R=0.19\Omega$。

表 6-2　　　　　　　　　　　仿真模型的主要参数

项目	参数	项目	参数
额定容量 S_N(MVA)	200	子模块电容电压 U_C(kV)	0.8
额定直流电压 U_{Ndc}(kV)	110	桥臂电抗 L(μH)	76
交流系统额定频率 f_0(Hz)	50	桥臂电阻 R(Ω)	0.19
子模块电容 C(mF)	90	单个桥臂子模块数目 n	20

当仿真开始时（$t=0$ms），测试系统进入稳态运行。当运行到 10ms 时，在平波电抗器出口处发生单极接地短路。10ms 故障后，换流器闭锁，模拟继续进行，直到 $t=40$ms。图 6-12 显示了直流短路电流的计算值和仿真值的比较，即方程 $i_{pa}=\dfrac{I_{dc}}{3}+\dfrac{i_{va}}{2}$ 的解析计算结果和仿真结果。从闭锁到故障电流衰减至零的解析计算时间为 5.5ms，仿真时间为 7ms。

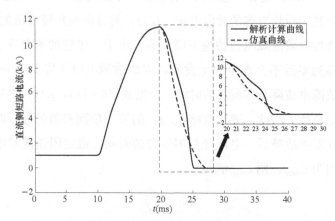

图 6-12　FBSM 直流侧短路电流的解析计算值与仿真值

6.1.4　运用故障自清除机理的故障保护策略

1. 全桥子模块等效电路运行原理

MMC 等效电路图如图 6-13 所示。上、下桥臂电流表达为

$$i_{Pj} = \frac{I_{dc}}{3} + \frac{i_j}{2} + i_{zj} \qquad (6-24)$$

$$i_{Nj} = \frac{I_{dc}}{3} - \frac{i_j}{2} + i_{zj} \qquad (6-25)$$

式中：i_{zj} 为流过 MMC 中 j 相的相间环流分量，$j=$a、b、c。

相间换流分量会不断叠加，导致原桥臂电流波形发生畸变，对换流器器件的额定容量造成影响，同时使子模块电容电压发生波动。因此限制换流器的内部环流有利于子模块的稳定运行。

由 KVL 定理可得，MMC 中 j 相动态数学模型为

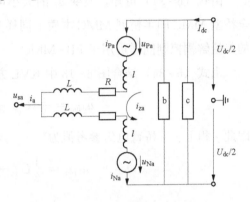

图 6 - 13 MMC 等效电路图

$$\frac{U_{dc}}{2} - l\frac{di_{Pj}}{dt} - u_{Pj} - Ri_j - L\frac{di_j}{dt} = u_{sj} \qquad (6-26)$$

$$-\frac{U_{dc}}{2} + l\frac{di_{Nj}}{dt} + u_{Nj} - Ri_j - L\frac{di_j}{dt} = u_{sj} \qquad (6-27)$$

式中：u_{sj} 为交流侧各相输出电压，$j=$a、b、c。

由式（6 - 24）、式（6 - 25），推导出上、下桥臂电流与交流侧相电流 i_j 和环流 i_{zj} 的关系分别为

$$i_{zj} = \frac{1}{2}(i_{Pj} + i_{Nj}) - \frac{I_{dc}}{3} \qquad (6-28)$$

$$i_j = i_{Pj} - i_{Nj} \qquad (6-29)$$

将式（6 - 29）代入式（6 - 26）与式（6 - 27）的和式，得到基于 MMC 外部的动态交流侧电流

$$\frac{u_{Nj} - u_{Pj}}{2} = \frac{l}{2}\frac{di_j}{dt} + Ri_j + L\frac{di_j}{dt} + u_{sj} \qquad (6-30)$$

不妨设

$$u_j = \frac{u_{Nj} - u_{Pj}}{2} \qquad (6-31)$$

$$i_{diffn} = \frac{1}{2}(i_{Pj} + i_{Nj}) \qquad (6-32)$$

$$u_{\mathrm{diffn}} = (l + L)\frac{\mathrm{d}i_{\mathrm{diffn}}}{\mathrm{d}t} + Ri_{\mathrm{diffn}} \tag{6-33}$$

式中：i_{diffn} 为第 n 向内部环流；u_{diffn} 为内部不对称压降。

由式（6-31）可知，改变 u_j 的大小可直接控制交流电流 i_j 的大小，因此全桥型 MMC 同半桥型 MMC 本质上同样为电压源换流器，适用于 HB-MMC 的矢量解耦控制同样可用于 FB-MMC。

由式（6-34）结合图 6-13 中 KVL 方程可得

$$u_{\mathrm{diffn}} = \frac{1}{2}(U_{\mathrm{dc}} - u_{\mathrm{P}j} - u_{\mathrm{N}j}) \tag{6-34}$$

因此 j 相上、下桥臂电压参考值为

$$u_{\mathrm{P}j\mathrm{ref}} = \frac{1}{2}U_{\mathrm{dc}} - u_j - u_{\mathrm{diffn}} \tag{6-35}$$

$$u_{\mathrm{N}j\mathrm{ref}} = \frac{1}{2}U_{\mathrm{dc}} + u_j - u_{\mathrm{diffn}} \tag{6-36}$$

由最近电平逼近原理得出上、下桥臂在任意时刻所投入的子模块数目

$$num_{\mathrm{P}j} = \left[\frac{u_{\mathrm{P}j\mathrm{ref}}}{u_{\mathrm{c\_ave}}}\right] \tag{6-37}$$

$$num_{\mathrm{N}j} = \left[\frac{u_{\mathrm{N}j\mathrm{ref}}}{u_{\mathrm{c\_ave}}}\right] \tag{6-38}$$

式中：$u_{\mathrm{c\_ave}}$ 为子模块电容电压平均值。

在得到任意时刻换流器 j 相上、下桥臂导通的子模块数量之后，基于子模块电容电压的排序算法选择相应子模块的开通和关断。

2. 全桥子模块故障时的等效电路

直流侧故障时，只需全部子模块电容为故障回路提供的反向电动势高于交流母线电压，即可通过闭锁全部的 IGBT 元器件来隔离直流侧的故障电流。如图 6-14 所示，以双极短路故障为例，左侧为交流侧的等效电压源，当故障发生后，将换流器闭锁运行，即可将上、下桥臂电容等效为电压源和二极管的组合电路。图中，$u_{\mathrm{Parm}} = u_{\mathrm{Narm}} = u_{\mathrm{arm}}$。

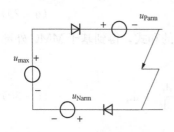

图 6-14 故障期间等效电路

系统在直流故障状态下，考虑最大电压调制比 $k = 1$ 时，可得 MMC 交流线电压峰值 $u_{\max}$ 为

$$u_{\max} = \frac{\sqrt{3}}{2} U_{dc} \tag{6 - 39}$$

每个桥臂均有 n 个 FBSM，则 FBSM 构成的桥臂电压 u_{arm} 为

$$u_{arm} = nu_c = U_{dc} \tag{6 - 40}$$

因此，上、下桥臂中所有 FBSM 构成的直流故障闭锁总电压和交流线电压应满足条件为

$$u_{\max} = \frac{\sqrt{3}}{2} U_{dc} \leqslant 2u_{arm} = 2U_{dc} \tag{6 - 41}$$

如图 6 - 14 所示，当满足式（6 - 41）时，由于二极管的单向导电性，由电路知识可得故障电流无法导通，换流站闭锁后能有效闭锁直流侧故障电流实现故障清除。综上所述，全桥型 MMC 能够闭锁直流故障电流。

3. 全桥子模块闭锁后的等效电路

全桥子模块拓扑结构如图 6 - 15（a）所示，当子模块闭锁时，VT1、VT2、VT3 和 VT4 同时施加关断信号，无论通过子模块的电流是正还是负，均可对子模块电容进行充电。通过子模块的电流 i_{SM} 为正时，电流经二极管 VD1、VD4 充电；通过的功率子模块的电流 i_{SM} 为负时，经二极管 VD2、VD3 充电，其等效电路如图 6 - 15（b）所示。因此，只要对子模块电容进行充电，使得电容电压升高，提供可以将直流故障电流隔离的反向电动势，以此消除故障点的电弧通道。而全桥型子模块无论电流方向正负，均可对子模块进行充电。

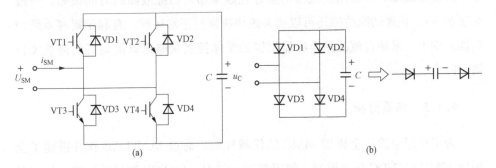

图 6 - 15　全桥子模块拓扑结构及子模块闭锁后的等效电路

（a）全桥子模块拓扑结构；（b）子模块闭锁后的等效电路

4. 直流侧故障情况下换流器的整体控制策略

基于具有故障自清除能力的全桥型子模块 MMC - HVDC 系统的换流站，可

通过将换流站闭锁来实现直流侧故障的自清除，无须跳开交流侧断路器即可实现直流侧的故障保护。图 6‐16 所示为直流侧故障情况下换流器的整体控制策略。

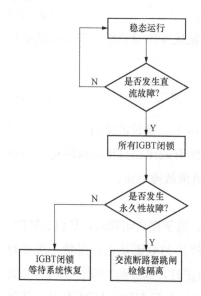

图 6‐16 直流侧故障情况下换流器控制策略

直流侧发生故障时，当检测故障电流后，系统闭锁所有的子模块 IGBT，对于永久性故障和瞬时性故障，控制策略不同。闭锁一定时间进入稳态后，故障电流降至零。此时解锁换流站，故障消失，即为瞬时性故障。对于瞬时性故障而言，闭锁后即可将故障自清除，此时重新解锁 IGBT，重新建立直流电压，使系统恢复正常运行。若解锁两至三次仍无法清除故障，则判断为永久性故障。对于永久性故障则需要完全清除故障电流，则仍以跳开交流侧断路器的方式来清除故障。

电力电子元器件的动作拥有足够的速动性，故障自清除过程无须跳开交流侧断路器，切除故障的时间更快，在快速恢复运行和保护电力电子元器件方面相比于跳开交流侧断路器切除故障的方法而言更具优越性。发生直流侧故障时，采用换流器的整体控制策略，清除故障的时间极短，一般小于 20ms。快速切除故障还可以使系统快速恢复正常运行，有利于提高系统稳定性。综上，采用直流故障换流器闭锁的整体控制策略可以提高直流侧故障自清除能力。

6.1.5 仿真分析

为了更好地验证全桥型 MMC 的优越性能，通过 MATLAB 软件搭建了全桥型 MMC‐HVDC 仿真模型，使用双端 400kV、400MW 测试系统进行仿真验证。换流站 1 采用定直流侧电压控制，换流站 2 采用定有功控制；换流器有 6 个桥臂，选定每相桥臂级联的功率单元数 76，其中每个桥臂包含 76 个 FBSM 子模块。图 6‐17 所示为 MMC‐HVDC 双端测试系统的仿真模型，主要的仿真参数见表 6‐3。

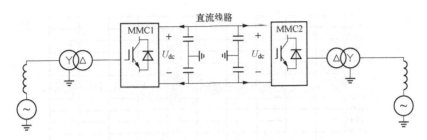

图 6 - 17　MMC - HVDC 双端测试系统仿真模型

表 6 - 3　　　　　　　　　　仿真平台系统主要参数

项目	参数	项目	参数
额定容量 S_N(MVA)	1200	子模块电容 C(mF)	0.28
额定直流电压 U_{Ndc}(kV)	±320	子模块电容电压 U_C(kV)	10
交流系统额定电压 U_{Nac}(kV)	370	变压器漏抗 x(p.u.)	0.1
交流系统额定频率 f_0(Hz)	50	桥臂电抗 L(μH)	25
变压器额定电压 U_{Nac}(kV)	230/370	桥臂电阻 R(Ω)	0.005
变压器额定功率 S_N(MVA)	1200	单个桥臂子模块数目 n	20

　　为了突出重点，此处研究故障最严重的双极短路故障。系统进入稳态运行之后，故障点选在靠近换流站 1 的整流侧，9s 引入直流线路双极短路瞬时故障，故障持续 0.1s，考虑系统故障识别和通信时间，设定 0.01s 后即 9.01s 换流站闭锁。其对应仿真结果如图 6 - 18 所示。

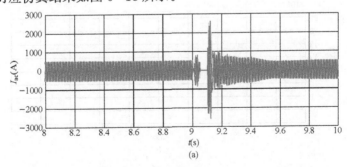

图 6 - 18　全桥型 MMC 柔性直流输电系统瞬时性故障仿真（一）

（a）交流侧三相电流

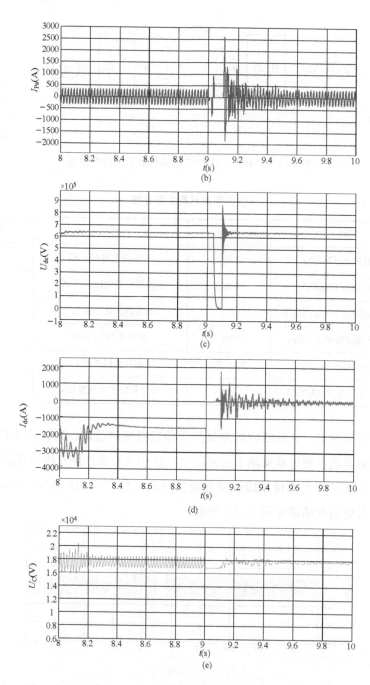

图 6-18　全桥型 MMC 柔性直流输电系统瞬时性故障仿真（二）

（b）a 相上桥臂电流；（c）直流侧电压；（d）直流侧电流；（e）子模块电容电压波平均值

　　全桥型 MMC 在直流故障发生前系统稳定运行。$t=9s$ 时发生直流故障，故障期间有功传输减少，无功增加，交流相电流大幅减小，直流侧电压快速降为零。$t=9.01s$ 时换流器闭锁，闭锁前故障电流迅速增大，故障电流包含 IGBT 所反并联的续流二极管在故障点与交流侧连通产生的馈能电流、电感放电电流、电容放电电流，同时桥臂电流、子模块电压跌落；闭锁后，全桥型子模块 MMC 处于闭锁状态，通过电抗器向电容充电。如图 6 - 18（d）～（e）所示，直流侧故障电流约在 0.01s 内衰减到零，子模块电容电压经过短暂充电后电压基本维持稳定。$t=9.1s$ 时故障消失，得到解锁命令后系统重启，随后交流侧三相电流、直流侧电流和电压及子模块电容电压、三相有功和无功功率等主要参数都恢复到正常值。在整个仿真模拟的过程中，交流侧的隔离开关、交流侧断路器均未启动。

　　图 6 - 19 所示为传统半桥型 MMC - HVDC 系统依靠交流断路器保护的仿真波形。该仿真模型中换流器均由半桥型子模块组成。在故障发生前，系统稳定运行，$t=9s$ 发生直流侧单极接地永久性故障，设定 $t=9.01s$ 换流站闭锁，$t=9.1s$ 系统检测到故障断开交流断路器。

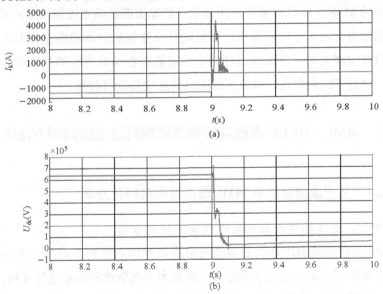

图 6 - 19　传统 MMC - HVDC 系统永久性直流故障仿真（一）

（a）直流侧短路故障电流；（b）直流侧电压

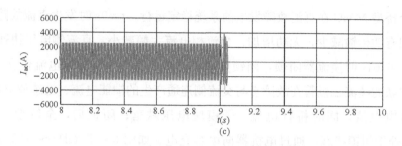

图 6-19 传统 MMC-HVDC 系统永久性直流故障仿真（二）

(c) 交流侧相电流

直流故障导致直流电压迅速跌为零，如图 6-19（a）所示。故障期间，即使 $t=9.01s$ 时换流器闭锁，由于换流站运行在不控制电流状态，交流系统通过二极管向短路点注入短路电流，故障电流不会衰减到零，如图 6-19（b）所示。交流侧相电流在故障期间增大，直到 $t=9.1s$ 时，交流侧断路器断开才会衰减为零，如图 6-19（c）所示。

传统的 MMC-HVDC 系统由于依靠跳开交流侧断路器来清除直流侧的故障，系统从清除故障到恢复运行需要大约 10s 的附加时间，远远大于基于全桥型子模块的 MMC-HVDC 系统利用故障自清除策略清除直流侧故障的时间。根据仿真结果进行对比分析后得出，相较跳开交流侧断路器清除直流侧故障，基于具有自清除能力的子模块运用自清除控制策略在面对直流侧故障时，响应速度更快，降低了站内损耗，验证了故障自清除策略的可行性。

6.2　MMC-HVDC 系统直流侧故障桥臂过电流抑制方法研究

6.2.1　基于虚拟阻抗的 MMC 故障过电流抑制方法

1. MMC 直流侧双极短路故障过电流机理分析

MMC 系统中最为严重的故障类型是直流侧的双极短路故障，此种故障在桥臂子模块中引起的过电流水平最高，因此本节选取此种故障进行分析。

对于桥臂结构仅包含 HBSM 的 MMC-HVDC 系统，在直流双极短路故障发生后，故障的发展分为子模块闭锁前及闭锁后两个阶段。

（1）闭锁前。发生故障后，通过 VD2 从交流侧向短路点注入短路电流，相当于交流侧三相短路，同时子模块电容器通过 VT1 放电，故障电流通路如图 6 - 20 所示。

（2）闭锁后。由于 VT1 闭锁，子模块电容器放电通路阻断；但交流侧电流仍可通过 VD2 注入短路点，直流侧将产生持续的馈入电流，直流电流不能自动降为零，即不具备直流故障电流嵌位能力。同时，子模块出口的保护晶闸管动作，将 VD2 旁路，故障电流通路由通过 VD2 变为通过保护晶闸管，直流电流仍不为零。

由于主要目的是降低子模块闭锁前的过电流水平，因此故障发展的第一阶段为主要研究内容。对于 HBSM 和 FBSM，由于在子模块闭锁前故障电流演变过程类似，故在本节中仅以桥臂结构仅包含 HBSM 的 MMC 为例进行分析。

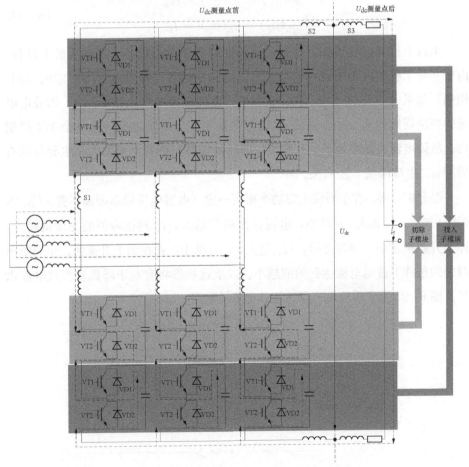

图 6 - 20 闭锁前 MMC 极短路故障电流通路

图 6-20 所示电路中 $L_{\mathrm{sum\_B}}$、$R_{\mathrm{sum\_B}}$ 为 U_{dc} 测量点前（S1、S2 处）的等效电抗、等效电阻，主要为桥臂电抗器；$L_{\mathrm{sum\_A}}$、$R_{\mathrm{sum\_A}}$ 为 U_{dc} 测量点后（S3 处）的等效电抗、等效电阻，主要为直流平波电抗器、故障点阻抗等；L_{sum} 为 $L_{\mathrm{sum\_A}}$、$L_{\mathrm{sum\_B}}$ 之和，R_{sum} 为 $R_{\mathrm{sum\_A}}$、$R_{\mathrm{sum\_B}}$ 之和，C_{SM} 为单个子模块电容值，N 为单个桥臂串联子模块个数。

依据文献 [24] 的分析方法，有

$$L_{\mathrm{sum}}C_{\mathrm{SM}}\frac{\mathrm{d}^2 u_{\mathrm{C}}}{\mathrm{d}t^2} + R_{\mathrm{sum}}C_{\mathrm{SM}}\frac{\mathrm{d}u_{\mathrm{C}}}{\mathrm{d}t} + Nu_{\mathrm{C}} = 0 \qquad (6\text{-}42)$$

其中，初始条件为

$$\begin{cases} u_{\mathrm{C}}(0_+) = u_{\mathrm{C}}(0_-) = U_{\mathrm{dc}} \\ i_{\mathrm{L}}(0_+) = i_{\mathrm{L}}(0_-) = I_{\mathrm{L}} \end{cases} \qquad (6\text{-}43)$$

由以上推导过程可知，闭锁前故障回路的放电过程是一个振荡放电过程，由于实际工程中的相关设计标准，放电回路中的各电路参数都有一定的限制。例如，如果采用表 6-4 所示换流器参数，其固有频率约为 240rad/s，即放电电流的振荡周期约为 30ms，故闭锁动作将发生在其震荡过程的第一个 1/4 周期内，故障电流将始终处于上升阶段，因此闭锁时刻桥臂电流的大小主要与固有周期 ω、电流峰值 i_{Lpeak} 有关。

经分析可得，在子模块电容功率密度一定（电容电压稳态振幅不变、C_{SM}/N 恒定）时，L_{sum} 越大，ω 越小，电流振荡周期越大，i_{L} 到达峰值的速度就越慢，即上升斜率越小；同理可得，L_{sum} 越大，i_{Lpeak} 越小，在相同上升速度、相同闭锁时刻的条件下放电电流达到的值越小。以上这些都将有益于降低桥臂过电流水平。图 6-21 为子模块电容器单相放电等效电路。

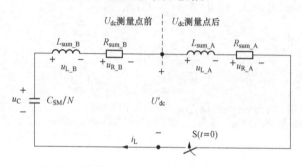

图 6-21　子模块电容器单相放电等效电路

由式（6‐42）解得

$$u_{\mathrm{C}} = \mathrm{e}^{-\frac{1}{\tau}} \left[\frac{U_{\mathrm{dc}}\omega_0}{\omega} \sin(\omega t + \alpha) - \frac{NI_{\mathrm{L}}}{2\omega C_{\mathrm{SM}}} \sin(\omega t) \right] \tag{6-44}$$

$$\tau = \frac{4L_{\mathrm{sum}}}{R_{\mathrm{sum}}} \tag{6-45}$$

$$\omega_0 = \frac{1}{2} \sqrt{\frac{N}{L_{\mathrm{sum}} C_{\mathrm{SM}}}} \tag{6-46}$$

$$\omega = \frac{1}{2} \sqrt{\frac{N}{L_{\mathrm{sum}} C_{\mathrm{SM}}} - \left(\frac{R_{\mathrm{sum}}}{2L_{\mathrm{sum}}} \right)^2} \tag{6-47}$$

$$\alpha = \arctan \sqrt{\frac{4NL_{\mathrm{sum}}}{C_{\mathrm{SM}} R_{\mathrm{sum}}^2} - 1} \tag{6-48}$$

由于 $\dfrac{R_{\mathrm{sum}}}{2L_{\mathrm{sum}}} \ll \dfrac{N}{L_{\mathrm{sum}} C_{\mathrm{SM}}}$，可以认为 $\omega = \omega_0$，则放电电流为

$$i_{\mathrm{L}} = \mathrm{e}^{-\frac{1}{\tau}} \left[U_{\mathrm{dc}} \sqrt{\frac{C_{\mathrm{SM}}}{NL_{\mathrm{sum}}}} \sin(\omega t) + I_{\mathrm{L}} \cos(\omega t) \right] \tag{6-49}$$

式（6‐49）可写作

$$i_{\mathrm{L}} = \mathrm{e}^{-\frac{1}{\tau}} \left[i_{\mathrm{Lpeak}} \sin(\omega t + \beta) \right] \tag{6-50}$$

其中

$$\beta = \arctan \left(\frac{I_{\mathrm{L}}}{U_{\mathrm{dc}}} \sqrt{\frac{NL_{\mathrm{sum}}}{C_{\mathrm{SM}}}} \right), \quad i_{\mathrm{Lpeak}} = \sqrt{\frac{C_{\mathrm{SM}}}{NL_{\mathrm{sum}}} U_{\mathrm{dc}}^2 + I_{\mathrm{L}}^2}$$

2. MMC 直流侧故障过电流抑制策略

由上述分析可知，故障放电回路中较大的 L_{sum} 可以有效抑制直流故障过电流的上升。L_{sum} 为图 6‐20 中 S1、S2、S3 三处测量点前后等效电抗之和，为了保证控制系统的测量点不受影响，理论上增大 L_{sum} 可以通过增大测量点 S1、S2 处的电抗值来实现。由于桥臂电抗器（S1 处）嵌在换流器内部，电气环境较为复杂，与各交流量联系紧密，不便于分析，并且有可能会影响到系统的稳态特性，因此适当增大直流母线出口处的电抗值（测量点 S3 处）是一种看似更为可行的思路。图 6‐22（a）所示为在直流侧附加阻抗的示意图。

实际工程中，由于 MMC 在直流侧的电压源的特性，以及换流站本身的建设成本问题，在 MMC 直流侧出口配置一个较大的电抗器仍然是不现实的，因此可以引入虚拟元件的思想，考虑将该电抗器的特性通过一定数学表达映射入

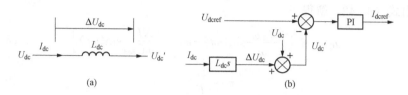

图 6-22　MMC 直流侧故障过电流抑制示意图

（a）直流侧附加阻抗；（b）基于虚拟直流侧附加阻抗的控制框图

U_{dcref}—直流侧参考电压；I_{dcref}—直流侧参考电流

控制器中进而发挥类似的作用。通过图 6-22（a）可以看出，由于 I_{dc} 在稳态时可认为是常数，MMC 的直流侧电抗器在稳态时并不发挥作用；而在 I_{dc} 变化率较大时，该电抗器将会感应出一个电压降增量 ΔU_{dc}，该增量与原测量 U_{dc} 叠加进而影响到直流电压测量的反馈值 U'_{dc}，如图 6-22（b）所示，可将这一特性映射入控制器中。该电压降增量 ΔU_{dc} 可看作是对原有 dq 解耦双闭环控制器中有功类控制外环（d 轴）的一个修正，此时 d 轴有功外环的反馈值 U'_{dc} 为原直流电压测量值 U_{dc} 与电压降增量 ΔU_{dc} 之和，即

$$U'_{dc} = U_{dc} + \Delta U_{dc} = U_{dc} + I_{dc}L_{dc}s \tag{6-51}$$

由式（6-51）可以看出，附加的 MMC 直流侧阻抗的数学表达可以看作是一个对于直流电流的微分环节，其数学模型的理想形式应为式（6-52）所示的微分，其中微分环节的强弱可以由 T_d（电抗 L）来调整。即

$$G(s) = T_d s \tag{6-52}$$

但在实际控制模型中，微分环节通常需要修正为式（6-53）所示形式，其微分作用的强弱将由 k_d、T_d 的配合取值来调整

$$G(s) = \frac{k_d T_d s}{T_d s + 1} \tag{6-53}$$

通过式（6-53）亦可反推出图 6-23（a）所示的实际电路，其作用相当于一个电阻和电抗的并联电路。式中，k_d、T_d 可分别看作由电阻 R_{virdc} 和电抗 L_{virdc} 决定，表示为

$$\begin{cases} k_d = \dfrac{1}{R_{virdc}} \\ T_d = R_{virdc}L_{virdc} \end{cases} \tag{6-54}$$

这种微分的表达形式不管是在控制系统中，还是实际电路中，都将具有更

好的稳定性。因此，电压降增量 ΔU_{dc} 需要修正为

$$\Delta U_{dc} = I_{dc}\left(\frac{R_{virdc}L_{virdc}s}{R_{virdc}L_{virdc}s}\right) \tag{6-55}$$

修正后的控制框图如图 6 - 23 所示。

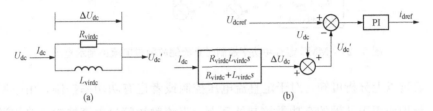

图 6 - 23　修正后的 MMC 直流侧故障过电流抑制示意图

(a) 直流侧附加阻抗；(b) 基于虚拟直流侧附加阻抗的控制框图

图 6 - 23（a）中所示的阻抗电路在不同的频率下将会表现出不同的响应特性。设 $s = j\omega_i$ 则在某一特定频率 ω_i 下，加入放电回路中的等效阻抗为

$$z_{virdc}(j\omega_i) = R_{virdc\_equ}(j\omega_i) + jL_{virdc\_equ}(j\omega_i)$$

$$= \frac{R_{virdc}}{\left(\dfrac{R_{virdc}}{\omega_i L_{virdc}}\right)^2 - 1} + j\frac{\omega_i}{1 - \left(\dfrac{\omega_i}{R_{virdc}}\right)^2 L_{virdc}} \tag{6-56}$$

由之前的分析可知，新加入的阻抗电路对于故障过电流的抑制作用主要与阻抗虚部 L_{virdc_equ} 的大小有关，而基于不同的频率 ω_i，L_{virdc_equ} 取值也将随之发生变化。在 MMC 直流侧发生双极短路故障时，故障电流迅速升高，其上升斜率包含了大量不同频率的分量，不易对其精确的解析计算，但是可以考虑将其转化为类似于 PI 控制器的参数优化问题。因此，针对某一确定参数的系统，可以选取该系统中可能发生的最严重的故障类型，对式（6 - 56）所示微分传递函数进行参数优化设计。此类参数优化设计方法有 PSO 算法、单纯形法、ACO 算法等。

桥臂电流故障过电流抑制策略，对于 d 轴有功控制外环为定有功功率控制的控制器，相应的直流侧故障过电流抑制策略类似。此时，有功功率的反馈值将变为

$$P'_s = P_s + \Delta P_s = P_s + I_{dc}\Delta U_{dc} = P_s + I_{dc}\left(\frac{R_{virdc}L_{virdc}s}{R_{virdc}L_{virdc}s}\right)I_{dc} \tag{6-57}$$

式中：P_s 为有功功率测量值；ΔP_s 为有功功率增降值。

相应的控制框图如图 6-24 所示。

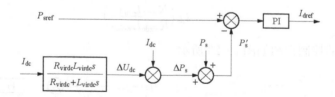

图 6-24　MMC 定有功功率控制时直流侧故障过电流抑制示意图

通过以上分析可知，对于定直流电压控制或者定有功功率控制，由于所加修正量均作用于 d 轴的有功类控制外环上，直流侧故障过电流抑制策略均通过调整换流器有功功率的输出来达到抑制故障过电流水平的目的。在稳态运行时，I_{dc} 可以被认为变化为零，因此各有功类控制量对于外环的反馈值仍为原测量值，附加控制基本不会影响系统的稳态运行。

3. 仿真分析

在 PSCAD/EMTDC 下搭建了 11 电平双端 MMC-HVDC 系统，系统的详细参数见表 6-4。图 6-25 为系统仿真模型。MMC1（整流站）的控制策略为定直流电压和定交流电压控制，MMC2（逆变站）为定有功功率和定交流电压控制。各控制参考值为 $U_{dc}=400\text{kV}$，$R_{ref}=400\text{MW}$，$U_{ac}=230\text{kV}$。

表 6-4　　　　　　　　　　11 电平双端 MMC-HVDC 系统参数

	项目	参数值
	交流电压（RMS）	230kV
	基波频率	50Hz
	变压器接线，变比	Yd, 230/210kV
交流侧和直测侧系统	变压器额定容量	450MVA
	变压器漏抗	15%
	额定有功功率	400MW
	额定直流电压	400kV
	桥臂电抗器	0.09H
	平波电抗器	0.02H
桥臂	桥臂子模块	10FBSM
	桥臂子模块额定电压	40kV
	桥臂子模块电容	480μF

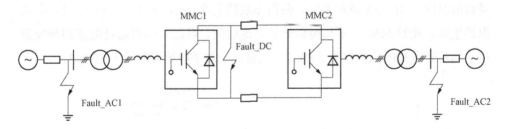

图 6‐25 11 电平双端 MMC‐HVDC 系统仿真模型

仿真过程中通过将电气测量量离散化，将系统的控制频率设置为 10kHz。在系统运行过程中，分别运行两组仿真，对照组采用原有 dq 解耦双闭环控制，改进组的 MMC1 与 MMC2 都将投入交、直流侧虚拟阻抗过电压抑制策略，两组仿真的基本控制参数（原有 dq 解耦双闭环控制器）在运行期间完全相同。

本章所提过电流抑制策略目的在于降低子模块闭锁前的过电流水平，因此子模块本身的直流故障电流阻断能力与该抑制控制策略无关，对应的不同子模块拓扑结构该抑制策略具有同样的效果。为了能够快速隔离直流侧故障，仿真模型中 MMC 子模块将采用 MMC 桥臂全部由 FBSM 构成的结构。根据表 6‐4 所示参数计算可得，稳态运行时桥臂电流的额定最大值约为 1.23kA。考虑到轻微的电流波动，设其标称电流为 1.25kA，即 $I_C = 1.25kA$，则峰值电流可选 2.5kA。这意味着 IGBT 必须在桥臂电流到达 2.5kA 之前实施闭锁动作。

为了表述清晰，图 6‐26（a）中，A1、B1 表示对照组的相应波形，A2、B2 为附加过电流抑制策略后改进组的相应波形。

$t = 1s$ 时在 MMC1 直流出口处设置永久性双极短路故障，故障电阻 42；$t = 1.003s$，即故障发生后 3ms 后实施闭锁，对各项指标进行对比。

（1）桥臂平均峰值电流比较。图 6‐26（a）、（b）分别为 MMC1 和 MMC2 的平均桥臂峰值电流。

图 6‐26（a）中 A1、A2 两点分别表示使用原始控制（i_1）和添加过电流抑制控制后（i_2）平均桥臂峰值电流到达 IGBT 峰值电流 2.5kA 所需的时间。由图分析可知，原始控制策略下桥臂电流到达 IGBT 的峰值电流仅需 1.4ms，这要求子模块的闭锁保护非常迅速以保障 IGBT 等器件的安全；而加入过电流抑制控制后到达峰值的时间延长为 2.1ms，为故障的识别与保护动作赢得了较为

可观的时间。B1、B2 两点表示，假设在故障发生 2ms 后（$t=1.002$s 时）闭锁保护生效，此时 MMC1 平均桥臂峰值电流的值，可以看出添加过电流抑制控制后平均桥臂电流的峰值仅为 2.3kA，明显低于基于原始控制的 3.123kA。

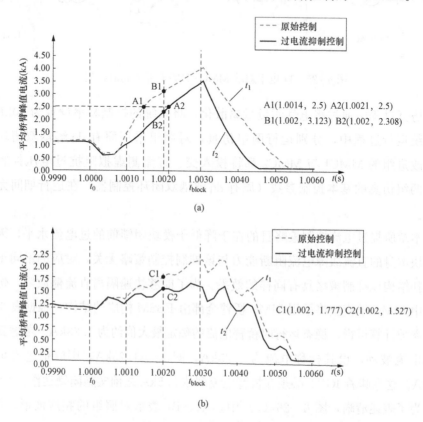

图 6-26 MMC1 直流出口故障时两端平均桥臂峰值电流

(a) MMC1 平均桥臂峰值电流；(b) MMC2 平均桥臂峰值电流

图 6-26（b）中 C1、C2 两点分别表示 $t=1.002$s 时 MMC2 平均桥臂峰值电流的值，对照组和改进组的值分别为 1.777kA 和 1.527kA，由于 MMC2 离直流故障点较远，故其内部过电流水平较低。

（2）电流产热系数比较。由图 6-26 可以看出，当故障发生 6ms 后，对照组和改进组的桥臂电流均衰减为零，分别计算各组此段时间内 MMC1、MMC2 桥臂电流的发热系数。对于 MMC1，使用原始控制时 6ms 内的桥臂电流发热系数为 16.6J/Q，而添加过电流抑制控制后为 14.8J/Q，在故障回路等效电阻相同的情况下，可以减少约 10.84% 热量的产生；此段时间内改进组相较于对照

152

组 MMC2 桥臂电流降低发热约 4.29%。因此，通过对故障过电流的抑制一定程度上提高了 IGBT 运行的安全裕度。

（3）桥臂瞬时电流比较。图 6 - 26 主要着重于平均指标的比较，但是如上文所述，各桥臂瞬时电流值仍为关注重点。图 6 - 27 所示为 $t=1s$ 时在 MMC1 直流出口处设置永久性双极短路故障时 MMC1 A 相上桥臂电流的瞬时值。可以看出，桥臂电流瞬时值并不完全与平均指标走势相同。考虑到故障瞬间各桥臂电流初始值的随机性，在 $t=1-1.02s$ 一个基波周期内平均选取 9 个时间点分别设置永久性双极短路故障，分别记录各桥臂电流在故障发生后 2ms 时的瞬时电流值及平均桥臂峰值电流值，汇总于表 6 - 5 和表 6 - 6。

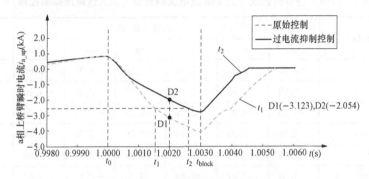

图 6 - 27　MMC1 a 相上桥臂电流瞬时值

由表 6 - 5、表 6 - 6 可以看出，加入过电流抑制控制后，改进组的桥臂电流在直流双极短路故障后的过电流水平对比于对照组有了明显的下降。评价指标中的瞬时指标（桥臂瞬时电流）与平均指标（桥臂平均峰值电流比较、电流产热系数比较）均显示该抑制策略的良好效果，其中平均指标可以部分地反映出瞬时指标的变化趋势，故在下文仿真中的故障过电流比较主要以平均指标为主。

表 6 - 5　　　MMC1 各桥臂在故障 2ms 后电流瞬时值（原始控制）

时间 t_F(s)	桥臂电流（kA）						
	i_{Pa}	i_{Na}	i_{Pb}	i_{Nb}	i_{Pc}	i_{Nc}	i_{armmax}
1	−3.11	−1.09	−1.59	−3.04	−1.72	−2.29	3.13
1.0025	−3.17	−1.54	−2.12	−2.00	−1.20	−2.94	3.08
1.005	−2.48	−2.93	−2.68	−1.36	−1.37	−3.25	3.10
1.0075	−1.52	−2.50	−3.21	−1.22	−1.72	−2.73	3.11

时间 t_F(s)	桥臂电流（kA）						
	i_{Pa}	i_{Na}	i_{Pb}	i_{Nb}	i_{Pc}	i_{Nc}	i_{armmax}
1.01	−1.17	−3.13	−2.99	−1.62	−2.28	−1.70	3.10
1.0125	−1.54	−3.15	−1.98	−2.13	−2.94	−1.20	3.06
1.015	−1.93	−2.34	−1.23	−2.71	−3.26	−1.36	3.09
1.0175	−2.44	−1.45	−1.26	−3.24	−2.79	−1.81	3.08
1.02	−3.11	−1.14	−1.65	−3.06	−1.76	−2.32	3.11

注 i_{armmax} 为桥臂最大电流，下文含义均同此。

表 6 - 6 MMC1 各桥臂在故障后 2ms 后电流瞬时值（加入过电流抑制控制）

时间 t_F(s)	桥臂电流（kA）						
	i_{Pa}	i_{Na}	i_{Pb}	i_{Nb}	i_{Pc}	i_{Nc}	i_{armmax}
1	−2.16	−2.35	−2.44	−2.44	−1.94	−2.04	2.28
1.0025	−2.02	−2.68	−2.19	−1.94	−2.32	−1.90	2.47
1.005	−1.89	−2.28	−2.21	−2.33	−2.55	−1.90	2.43
1.0075	−2.05	−2.00	−2.15	−2.50	−2.25	−1.94	2.28
1.01	−2.35	−2.11	−2.05	−2.42	−2.10	−1.99	2.27
1.0125	−2.58	−2.07	−1.83	−2.10	−2.14	−2.40	2.37
1.015	−2.28	−1.85	−2.17	−1.90	−2.08	−2.76	2.45
1.0175	−2.04	−2.13	−2.44	−2.02	−2.02	−2.28	2.37
1.02	−2.07	−2.41	−2.46	−2.06	−2.01	−2.05	2.35

6.2.2 采用桥臂电抗器耦合的 MMC 故障过电流抑制方法

1. MMC 采用桥臂电抗器耦合的 MMC 拓扑

采用桥臂电抗器耦合的 MMC 拓扑结构如图 6 - 28 所示。图中 u_{sj}、i_{sj}（$j=$ a、b、c）分别表示换流器交流侧各相电压、电流，U_{dc}、I_{dc} 分别表示换流器直流侧电压、电流。换流器有 3 个相单元，每个相单元的上下桥臂均由 n 个子模块和自感为 l_0 的桥臂电抗串联构成。同相上下两个桥臂电抗存在耦合，互感为 M，且为异侧并联。

子模块采用半桥结构，由两个带有反并联二极管的绝缘栅双极晶体管模块（VT1/VD1、VT2/VD2）和子模块电容器 C_0 组成。子模块有投入、切除和闭

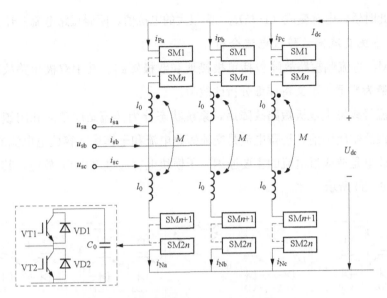

图 6 - 28　采用桥臂电抗器耦合的 MMC 拓扑结构图

锁三种工作状态。通过控制换流器子模块的投入/切除,可获得期望的电压。

2. 上、下桥臂耦合电抗的原理

上、下桥臂耦合电抗的中轴面图如图 6 - 29 所示。图中,1 - 2、3 - 4 为耦合电抗的两个包封线圈。两个线圈的匝数相同,绕向相同,自感均为 l_0。耦合电抗采用同轴并绕的方式,使得两线圈间存在较高的耦合系数 k。在各相单元中,耦合电抗 1、4 端分别与第 n、$n+1$ 个子模块连接,2、3 端互相连接并引出输出端连接到交流侧,即 MMC 同相上、下两个桥臂电流分别从 1、3 端口流入,从 2、4 端口流出。在系统正常运行时,两个线圈上的实际基波电流流向相反,其电流产生磁场相互去磁,桥臂电感 $(1-k)l_0$ 为适当的电抗值,不影响系统的稳态运行。在系统发生双极短路故障时,各相单元与接地电阻构成回路,子模块电容迅速放电,交流短路电流影响很小,上、下两个桥臂电流变化趋势相近,其电流产生的磁场相互

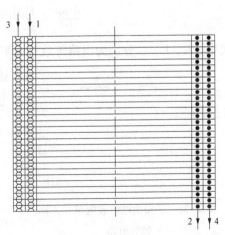

图 6 - 29　上、下桥臂耦合电抗中轴面图

励磁，此时桥臂电感变成 $(1+k)l_0$，为很大的电抗值，阻碍短路电流上升。

3. 系统直流侧故障过电流分析

MMC 直流侧短路故障包括单极接地和双极短路。其中双极短路故障过电流程度最为严重，本文将详细分析此故障。

直流母线发生双极短路故障后，系统状态分为换流站闭锁前和闭锁后两个阶段。换流站闭锁前，桥臂电流是交流短路电流和子模块电容放电电流的叠加，而电容放电是造成过电流的主要原因。子模块电容通过 IGBT1 放电，其放电回路如图 6-30 所示。

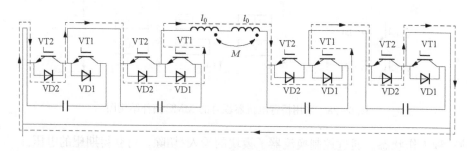

图 6-30　子模块电容放电回路

图 6-31 为子模块电容放电的单相去耦等效电路，该电路为一个二阶 RLC 放电电路。故障发生后，对 RLC 回路有

$$\frac{\mathrm{d}^2 u_C}{\mathrm{d}t^2} + \frac{R_L + R_f}{2l_0 + 2M + l_L}\frac{\mathrm{d}u_C}{\mathrm{d}t} + \frac{n}{2C(2l_0 + 2M + l_L)}u_C = 0 \quad (6\text{-}58)$$

$$\frac{\mathrm{d}^2 u_C}{\mathrm{d}t^2} + \frac{R}{L}\frac{\mathrm{d}u_C}{\mathrm{d}t} + \frac{n}{2LC}u_C = 0 \quad (6\text{-}59)$$

式中，R、L、C 分别为电路等效总电阻、电抗、电容。系统中 R 远小于 $2/nLC$，该电路放电特性为二阶欠阻尼振荡衰减，其电容电压计算为

$$u_C = \mathrm{e}^{-\delta t}\left[\frac{U_0\omega_0}{\omega}\sin(\omega t + \beta) - \frac{nI_0}{2\omega C}\sin(\omega t)\right] \quad (6\text{-}60)$$

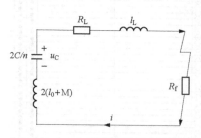

图 6-31　子模块电容放电单相去耦
等效电路

桥臂电流计算为

$$i = \mathrm{e}^{-\delta t}\left[U_0\sqrt{\frac{2C}{nL}}\sin(\omega t) + I_0\cos(\omega t)\right]$$

$$(6\text{-}61)$$

式中：衰减系数 $\delta = \dfrac{R}{2L}$；无阻尼振荡频率 $\omega_0 = \sqrt{\dfrac{n}{2LC}}$；衰减振荡频率 $\omega =$

$\sqrt{\omega_0^2 - \delta^2}$；$\beta = \arctan\left(\dfrac{\omega}{\delta}\right)$。

令 $\gamma = \arctan\left(\dfrac{I_0}{U_0}\sqrt{\dfrac{nL}{2C}}\right)$，则式（6-61）可写为

$$i = e^{-\delta t}\left[I_{\text{peak}}\sin(\omega t + \gamma)\right] \tag{6-62}$$

$$I_{\text{peak}} = \sqrt{\dfrac{2C}{nL}U_0^2 + I_0^2} \tag{6-63}$$

可以看出，L 越大，ω 越小，电流振荡周期越大，电流达到峰值的速度就越慢，为保护动作赢取时间；同时，L 越大，I_{peak} 越小，降低桥臂过电流水平。

已知

$$L = 2L_0 + 2M + l_L \tag{6-64}$$

$$k = M/l_0 \tag{6-65}$$

将式（6-65）代入式（6-64）中，可得

$$L = 2(1+k)l_0 + l_L \tag{6-66}$$

在式（6-66）中提出 $(1-k)l_0$ 项，可得

$$L = 2(1-k)l_0 + 4kl_0 + l_L \tag{6-67}$$

式（6-67）中，$(1-k)l_0$ 为系统稳态运行时的桥臂电抗，为不影响系统的稳态运行，保持该值不变，通过适当增大 $4kl_0$ 项来增大 L，使得故障过电流减小。

本文中选取系统稳态运行时桥臂电抗为 53mH，即 $(1-k)l_0 = 53$mH，则桥臂耦合电抗自感、互感与耦合系数 k 之间的关系如图 6-32 所示。

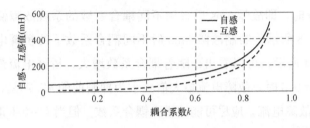

图 6-32　桥臂耦合电抗自感、互感与耦合系数 k 之间的关系

由图 6-32 可知，自感、互感随耦合系数 k 的增大而增大。耦合系数 $k =$

$0\sim0.4$时，自感、互感随 k 近似于线性变化；当 $k>0.4$ 时，自感、互感上升陡度随 k 的增大而增大；当 $k=0.5$ 时，自感值为 106mH，互感值为 53mH；当 $k=0.6$ 时，自感值达到 133mH，互感值达到 80mH。

4. 耦合系数的选取

在 MATLAB 中搭建了如图 6-33 所示的 31 电平双端 MMC-HVDC 系统仿真模型，其详细参数见表 6-7。

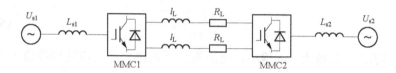

图 6-33　31 电平双端 MMC-HVDC 系统仿真模型

系统控制周期为 100s，整流侧采用定直流电压配合定无功功率控制，逆变侧采用定有功功率配合定无功功率控制[7]。MMC-HVDC 系统稳态运行 3.0s 后，在整流侧直流出口处设置永久性双极短路故障，故障电阻为 0.01Ω。在 $t=3.005$s，即故障发生 5ms 后实施闭锁[8]。保持 $L-M=53$mH 不变，即系统稳态运行时桥臂电感值不变，改变耦合系数 k，观察短路电流的变化。

表 6-7　　31 电平 MMC-HVDC 系统主要参数

参数	数值	参数	数值
交流电压（RMS）（kV）	220	额定有功功率（MW）	600
额定频率（Hz）	50	桥臂子模块（HBSM）	30
交流侧电抗 L_{s1}、L_{s2}（mH）	10	桥臂子模块电容（μF）	3000
额定直流电压 U_{dc}（kV）	400	桥臂电抗（mH）	53

$t=3.005$s 时，即故障 5ms 后采用不同耦合系数的系统故障侧换流站各桥臂电流见表 6-8 所示。绘制故障 5ms 后不同耦合系数下的桥臂电流最大值曲线，如图 6-34 所示。可以看出，随着耦合系数增大，桥臂电流最大值趋于线性减小。当 $k=0.5$ 时，故障电流最大值减小为抑制前的 42.70%，抑制效果显著。为了抑制故障电流，应尽可能地增大耦合系数。但当 $k=0.6$ 时，自感、互感就已经达到了 133mH、80mH，k 值再继续增大，自感、互感将达到更大的数值。在实际 MMC-HVDC 工程中桥臂电抗器通常为 $60\sim150$mH，过大的 k 值不能满足工程要求，本文选取 $k=0.5$。

表 6 - 8　　故障 5ms 后采用不同耦合系数的系统故障侧换流站各桥臂电流

耦合系数 k	桥臂电流（kA）					
	i_{Pa}	i_{Na}	i_{Pb}	i_{Nb}	i_{Pc}	i_{Nc}
0	−16.7	−13.6	−12.9	−17.8	−15.7	−13.9
0.1	−14.4	−11.1	−10.7	−15.3	−13.1	−11.8
0.2	−12.5	−9.1	−8.8	−13.1	−11.0	−10.2
0.3	−10.6	−7.0	−7.1	−10.9	−8.7	−8.5
0.4	−9.0	−5.2	−5.6	−9.1	−6.9	−7.2
0.5	−7.6	−3.4	−4.1	−7.4	−5.1	−5.9
0.6	−6.3	−1.8	−2.7	−5.8	−3.4	−4.7

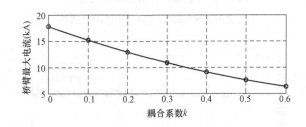

图 6 - 34　故障 5ms 后不同耦合系数时的故障侧换流站桥臂电流最大值

5. 仿真分析

为了更好地突出采用桥臂电抗器耦合的优势，仍采用上文所给出的 31 电平 MMC - HVDC 系统参数，分别在正常运行和故障两个阶段，对比正常运行时桥臂电抗值相等的普通电抗器与耦合系数为 0.5 的耦合电抗器两种情况下系统各参数。

（1）正常运行时。分别从换流器环流、直流电压、直流电流和交流电流四个方面，分析采用桥臂电抗器耦合对系统正常运行的影响。

正常运行时的换流器三相环流如图 6 - 35 所示。比较图 6 - 35（a）、（b）可知，采用耦合电抗器后换流器环流波动明显减小。通过图 6 - 36 可以看出，采用耦合电抗器时的系统直流电压、直流电流波动范围比采用普通电抗器时的有所减小；与采用普通电抗器相比，采用耦合电抗器时的交流电流波形更接近期望值。

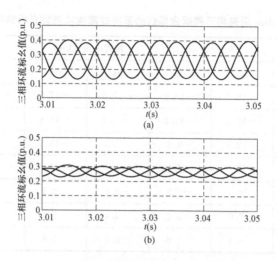

图 6-35　正常运行时三相环流波形

（a）采用普通电抗器；（b）采用耦合电抗器

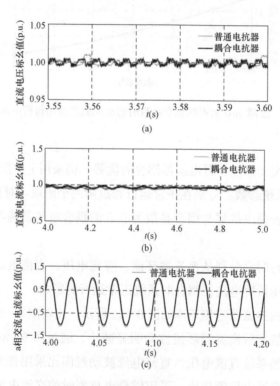

图 6-36　正常运行时电压、电流波形

（a）正常运行时的直流电压；（b）正常运行时的直流电流；（c）正常运行时的交流电流

正常运行时，MMC 环流回路中同相上下桥臂环流方向相同，耦合电抗器的两个线圈相互励磁，相单元电感值为 $2(1+k)l_0$，比采用普通电抗器时的 $2l_0$ 增大了 $2kl_0$。电感的增大抑制了环流，使电容电压波动减小，从而输出的桥臂电压更接近期望值，相应地，直流电压、直流电流、交流电流波形都有所改善。通过以上分析，在系统正常运行时采用耦合桥臂电抗器可改善系统的运行。

(2) 故障时。仍在系统稳态运行 3.0s 后整流侧直流出口处设置故障电阻为 0.01Ω 的永久性双极短路故障，观察系统各参数的变化情况。

为了能够客观地评价采用桥臂电抗器耦合的 MMC 直流双极短路故障过电流抑制方法的有效性，分别从桥臂平均峰值电流和桥臂瞬时电流对其评判比较。

1) 桥臂平均峰值电流比较。桥臂平均峰值电流可以在一定程度上表示 6 个桥臂平均最大电流，表示为

$$i_{\mathrm{armmax}} = \frac{1}{2}\sqrt{i_{\mathrm{sd}}^2 + i_{\mathrm{sq}}^2} + \frac{1}{3}|I_{\mathrm{dc}}| \tag{6-68}$$

故障侧换流站桥臂平均峰值电流如图 6-37 所示。采用普通电抗器时的桥臂平均峰值电流在 $t=3.000\sim3.002\mathrm{s}$ 和 $t=3.002\sim3.005\mathrm{s}$ 内电流增长率分别为 3.232、3.076kA/ms，故障发生后短时间电流增长迅速，闭锁时刻电流值已经非常大，这不仅要求电子器件有很强的耐受能力，还需要闭锁动作迅速。采用耦合电抗器时的桥臂平均峰值电流在 $t=3.000\sim3.002\mathrm{s}$ 和 $t=3.002\sim3.005\mathrm{s}$ 内电流增长率分别为 0.850kA/ms、1.143kA/ms，电流增长缓慢，抑制故障电流效果显著。

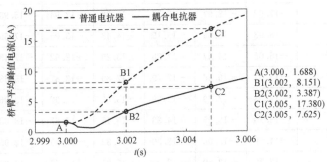

图 6-37　桥臂平均峰值电流

2) 桥臂瞬时电流比较。故障时各桥臂瞬时电流变化趋势相近，以故障侧换流站 a 相上桥臂瞬时电流为例，如图 6-38 所示。在 $t=3.005$s 时采用耦合电抗器的系统电流大小为 7.56kA，仅是采用普通电抗器的系统电流大小 16.72kA 的 45.22%，可见采用耦合电抗器的 MMC 桥臂故障电流比采用普通电抗器时的明显降低。

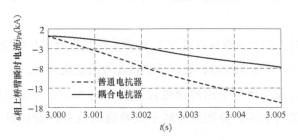

图 6-38 a 相上桥臂瞬时电流

由于故障发生时间的随机性，导致各个桥臂故障电流的初始值不同，在某一时刻的过电流程度不同，为此需对不同故障发生时刻各个桥臂电流的瞬时值进行关注与比较。在 $t=3\sim3.02$s 内平均选取 9 个时间点分别设置双极短路故障，分别记录采用不同方式下各桥臂电流在故障发生 5ms 后的大小，汇总于表 6-9 和表 6-10。通过表 6-9 与表 6-10 的数据对比可以看出，采用耦合电抗器可明显降低故障电流；不同故障发生时刻桥臂平均峰值电流值波动很小，反映了上文桥臂平均峰值电流比较对于不同故障发生时刻的有效性。

表 6-9　　　　各桥臂在故障 5ms 后电流瞬时值（普通桥臂电抗器）

桥臂电流（kA）	i_{Pa}	i_{Na}	i_{Pb}	i_{Nb}	i_{Pc}	i_{Nc}	i_{armmax}
$t=3$	−16.72	−13.59	−12.89	−17.80	−15.69	−13.89	17.38
$t=3.0025$	−17.92	−12.97	−13.33	−16.30	−13.94	−15.93	17.38
$t=3.005$	−16.93	−13.09	−15.19	−14.43	−13.05	−17.69	17.33
$t=3.0075$	−15.03	−14.47	−17.28	−13.29	−12.92	−17.43	17.34
$t=3.01$	−13.51	−16.66	−17.79	−12.89	−13.87	−15.68	17.34
$t=3.0125$	−12.93	−17.89	−16.29	−13.32	−15.92	−13.96	17.33
$t=3.015$	−13.10	−16.95	−14.38	−15.15	−17.67	−13.03	17.34
$t=3.0175$	−14.49	−15.06	−13.30	−17.32	−17.35	−12.95	17.34
$t=3.02$	−16.70	−13.59	−12.90	−17.81	−15.66	−13.87	17.37

表 6 - 10　　　　各桥臂在故障 5ms 后电流瞬时值（耦合桥臂电抗器）

时间 t_F(s)	桥臂电流（kA）						
	i_{Pa}	i_{Na}	i_{Pb}	i_{Nb}	i_{Pc}	i_{Nc}	i_{armmax}
3	−7.56	−3.44	−4.13	−7.36	−5.06	−5.90	7.63
3.0025	−7.63	−3.81	−5.32	−5.79	−3.69	−7.21	7.56
3.005	−6.46	−4.86	−6.79	−4.03	−3.56	−7.74	7.65
3.0075	−4.47	−6.38	−7.76	−3.39	−4.43	−6.98	7.64
3.01	−3.42	−7.57	−7.38	−4.13	−5.88	−5.05	7.62
3.0125	−3.83	−7.61	−5.78	−5.36	−7.20	−3.70	7.60
3.015	−4.86	−6.45	−4.05	−6.80	−7.74	−3.58	7.58
3.0175	−6.37	−4.48	−3.38	−7.76	−7.00	−4.44	7.68
3.02	−7.58	−3.43	−4.13	−7.37	−5.06	−5.91	7.65

本章参考文献

[1] 邱欣，夏向阳，吕大全，等．具备阻断直流侧故障电流模块化的多电平换流器应用研究
　　［J］．中南大学学报（自然科学版），2017，48（01）：148 - 155.

[2] 邱欣，夏向阳，蔡洁，等．全桥型 MMC - HVDC 直流故障自清除控制保护策略研究
　　［J］．电力科学与技术学报，2018，33（04）：88 - 94.

[3] 邱欣，夏向阳．针对柔性直流输电的预测电流控制研究［J］．2015 年中国高等学校电力
　　系统及其自动化专业第 31 届学术年会，2015.

[4] 蔡洁，夏向阳，李明德，等．高压直流输电模块化多电平换流器拓扑的应用研究［J］．
　　电力科学与技术学报，2018，33（01）：54 - 59.

[5] 马为民，吴方劼，杨一鸣，等．柔性直流输电技术的现状及应用前景分析［J］．高电压
　　技术，2014，40（08）：2429 - 2439.

[6] 徐政，薛英林，张哲任．大容量架空线柔性直流输电关键技术及前景展望［J］．中国电
　　机工程学报，2014，34（29）：5051.5062.

[7] Gum Tae Son, Hee Jin Lee, Tae Sik Nam, Yong Ho Chung, Uk Hwa Lee, Designand
　　Controlofa Modular Multilevel HVDC Converter With Redundant Power Modulesfor Noninter-
　　ruptible Energy Transfer［J］, IEEE Transactionson Power Delivery, 2012：1611.1619.

[8] 班明飞，申科，王建赜，等．基于准比例谐振控制的 MMC 新型环流抑制器［J］．电力
　　系统自动化，2014，38（11）：85 - 89＋129.

[9] 赵成勇，李探，俞露杰，等．MMC - HVDC 直流单极接地故障分析与换流站故障恢复策

略 [J] . 中国电机工程学报, 2014, 34 (21): 3518 - 3526.

[10] 张建坡, 赵成勇, 孙海峰, 等 . 模块化多电平换流器改进拓扑结构及其应用 [J] . 电工技术学报, 2014, 29 (08): 173.179.

[11] 赵岩, 郑斌毅, 贺之渊 . 南汇柔性直流输电示范工程的控制方式和运行性能 [J] . 南方电网技术, 2012, 6 (06): 6 - 10.

[12] 蔡新红, 赵成勇, 庞辉, 等 . 向无源网络供电的 MMC - HVDC 系统控制与保护策略 [J] . 中国电机工程学报, 2014, 34 (03): 405 - 414.

[13] 汪波, 胡安, 唐勇, 等 . IGBT 电压击穿特性分析 [J] . 电工技术学报, 2011, 26 (08): 145 - 150.

[14] ADAMGP, AHMEDKH, FINNEYSJ, et al. AC Faul Tride Through Capability Of A VSC - HVDC Transmission Systems [C] //2010 IEEE Energy Conversion Congress and Exposition, Sept 12.16, 2010, Atlanta, US: IEEE, 2010: 3739 - 3745

[15] 李胜 . 柔性直流技术在城市电网中应用研究 [D] . 北京: 华北电力大学, 2009.

[16] 刘剑, 邰能灵, 范春菊, 等 . 柔性直流输电线路故障处理与保护技术评述 [J] . 电力系统自动化, 2015, 39 (20): 158 - 167.

[17] 李琦, 宋强, 刘文华, 等 . 基于柔性直流输电的风电场并网故障穿越协调控制策略 [J] . 电网技术, 2014, 38 (07): 1739 - 1745.

[18] 许烽, 徐政 . 基于 LCC 和 FHMMC 的混合型直流输电系统 [J] . 高电压技术, 2014, 40 (08): 2520 - 2530.

[19] Suonan J, Gao S, Song G, et al. A Novel Fault - Location Method for HVDC Transmission Lines [J] . Power Delivery IEEE Transactions on, 2010, 25 (2): 1203.1209.

[20] 周杨 . 基于模块化多电平换流技术的柔性直流输电系统研究 [D] . 浙江大学, 2013.

[21] 向往, 林卫星, 文劲宇, 等 . 一种能够闭锁直流故障电流的新型子模块拓扑及混合型模块化多电平换流器 [J], 中国电机工程学报, 2014, 34 (29): 5171.5179.

[22] 赵成勇, 许建中, 李探 . 全桥型 MMC - MTDC 直流故障穿越能力分析 [J] . 中国科学: 技术科学, 2013, 43 (1): 106 - 114.

[23] Li R, FletcherJ E, Xu L, et al. A Hybrid Modular Multilevel Converter With Novel Three - level Cells For DC Faul Tblocking Capability [J] . IEEE Transactions on Power Delivery, 2015, 30 (4): 2017 - 2026.

[24] 张建坡, 赵成勇, 孙海峰 . 基于改进拓扑的 MMC - HVDC 控制策略仿真 [J] . 中国电机工程学报, 2015, 35 (05): 1032.1040.